自動車立国の挑戦

トップランナーのジレンマ

住商アビーム自動車総合研究所

EIJI PRESS

発刊に寄せて

本書は、自動車産業評論として、ユニークな位置づけにあると思う。

自動車産業に関する論説は、一方にマスコミ、他方に学者・研究者がいて、一つのスペクトルをなしている。一方の極にあるテレビや一般紙、マスコミ系雑誌などは、速報性と網羅性が強みであり、直接取材を心掛けるわれわれ実証研究者も、産業間の動向の第一報は、マスコミ報道から得ることが少なくない。しかし、速報である分、いわゆるガセネタの混入はある程度は免れず、また、結論ありきで即座に論評する傾向があるため、ロジックやコンセプトに基本的な混乱が少なくない。我々は平生、こうしたマスコミの強みと弱みを認識した上で、その報道を解釈している。

これに比べれば業界紙や専門雑誌は、業界の長期の流れをつかんだ上で、手馴れた手法と使い慣れた専門用語で解説するので、概して一般マスコミよりは安心して読める。が、世界が業界内で閉じている傾向もあり、分析に広がりがない、あるいは業界の常識から出ない、という点で物足りないこともある。

他方の極には、われわれ学者・研究者がいる。学者には学者としての訓練があり、概念やロジックにはうるさく、また先行研究のサーベイなどもしっかりと行うようにしつけられているので、その面での初歩的なロジックや用語の間違いは、比較的少ない。しかし、学者としての厳密な手続きが面倒で、速報性という意味では落第である。今知りたい、興味深い業界現象が起こったあと、一年も二年も経ってから、もったいぶった後付けの詮索をやってみせるのが、われわれ学者である。

無論、学者がマスコミにコメントすることもあるが、筆者の経験では、あれはマスコミの結論に学者が名義貸しをするようなケースも少なくない。筆者はなるべく避けている。

もう少しバランスが良いのが、業界アナリストや民間リサーチャー、コンサルタントである（筆者もかつてここにいた）。学者よりは身が軽く、タイムリーな分析が多いが、それなりに概念やロジックの操作は訓練されている。ただ、何かを営業するための手段としての業界分析になることが多く、その方向に話を持っていくために強引な立論、無理なコンセプト出しも少なくない（かつての筆者もそうであったかと反省する）。

このように、産業評論・産業分析の世界には、速報性と厳密性を両極とするスペクトル上に、いろいろな位置取りがあり、それぞれ一長一短である。

こうした論説の世界にあって、住商アビーム自動車総合研究所のメールマガジンは、なかなか面白い位置取りをしているな、と思った。ポジショニングとしては、業界紙とアナリストの間、あるいはアナリストと学者の間あたりになろうが、一方で、ネットの持つ速報性を維持しながら、一歩踏み込んだウィットの利いた分析や仮説出しが付いている。これは書き手の知識・教養に関連すると思われるが、書き手が身をおく世界が広く、論理の飛躍すれすれの、少なくとも私から見れば意表をついた解釈があり、考えさせられる。英語に「Food for Thought（あれこれ考えをめぐらすヒント）」という言い回しがあるが、それである。今回、これら一連の論考を、一冊の本として読めるようになったのは、なかなか楽しい。

その意味で本書は、ありそうでない「ポジション取り」をしている。もともとがネット配信であるため、テーマはタイムリーで、マスコミに準ずる網羅性と速報性もそこそこある。加えてネットの持つ双方向性ゆえに、読者のリアクションも迅速に取り込めている。

一方、その解釈には冒険がある。大胆な解釈があり仮説がある。その分、アナリストに比べれば危なっかしいところもあるし、学者から見ればコンセプトやロジックがあらっぽいな、と感じるところもあるが、スリリングな解釈という点では、業界紙にもアナリストにも学者にも、ありそうでちょっとない、独特の産業評論になっているように思う。

たとえば、本書の中に、ある自動車メーカーが提案するＥＣＵ（電子制御ユニット）の統合化という話が出てくる。筆者も技術者サイドから一次情報を集めているテーマだ。そこで展開されるアーキテクチャ論の分析は、正直言って違和感もあり、ちょっと危なっかしい感じもある。しかし、それを道州制に例えるあたりの飛躍に、意表をつくスリルがあり、ある意味で愉快である。同社がねらうのは集権制だが、道州制はどうなのかな、主力部品メーカーは地方分権を主張して、この構想に反対するむきもあろうが、部品メーカーのうち、集権追随派はどこで、分権派（ヨーロッパでいえばボッシュ）はどこなのかな、など、考えさせられる。「Food for Thought」である。

その他、低価格車の分析と「小売の輪」理論、自動車の開発プロジェクトリーダーとファッションデザイナーの比較、部品メーカーへの食品業界の「ミール・ソリューション」概念の類推、家計調査を丹念に読み込んだ自動車関係費の分析、商品を絞り込むことでかえってディーラーサービスの質が上がる「シェフのお勧め戦略」など、通常の自動車評論ではなかなか思いつかない、スリリングな論考が続く。

要するに、安心して読める本ではない。鵜呑みにしては危ない。読者に考えることを要求する。しかし、よく考えて読めば、これまでなかった新発想に到達できる可能性が、ページのあちこちに隠れている。そういった意味で、本書、そして本書のベースとなったメールマガジンが、産業評論としてユニークな位置づけとなることを、一読者として、また民間あがりの学者として、期待している。

東京大学　大学院　経済学研究所
ものづくり経営研究センター　センター長
藤本隆宏

はじめに

ここ数年、自動車産業における最大のテーマは「sustainability（持続可能性）」でした。環境、資源、安全という、人類が一個の生命体として生きていくためのプラットフォームと、人間が一人の人間として生きていくための mobility（行動の自由）というアプリケーションとをどうやって共存させていけるか、そのために自動車産業は何を提供し、どう貢献できるか、というテーマです。

「sustainability」という場合には、自動車という商品やサービスの価値（mobility）が多くの市場や消費者に受け入れられ、したがって自動車という事業にも成長や収益性が期待できることが前提になっており、不安要因があるとしても環境や社会との共生に限定されるため、そこへの対応のみを行うことで現在の好調を末永く維持していこう、という議論であったと考えます。

しかし、世界的な環境変化がそのような悠長な課題設定や対応のスピードを許容しなくなってきている中、今後の自動車産業のテーマは「survivability（生存可能性）」になるのではないでしょうか。

投機的要因が加わっているとはいえ、つい五年前には二十ドル台だった原油価格は、今や先物相場で一〇〇ドルを超えています。環境問題がCO_2やNO_x・PMなどに限定されている間は、多くの消費者がある意味で「ゆでがえる」のような状態にあったと思います。ことの重大性を認識してはいても、今日明日の生活を左右するような緊急性は実感できず、いずれ業界や行政が何とかすべき問題と考え、自らの意識や行動を大きく変えることはなかったのではないでしょうか。

しかし、「今朝の通勤に使うガソリン代」「今晩ストーブに注ぐ灯油代」となると話は別です。「いまそこにある危機」なのです。誰かの対応を待っている余裕はなく、直ちに自己防衛に動くはずです。

二〇〇六年まで国内市場は「軽高登低」と言われ、少しでも燃費のよい「mobility」を求める消費者が登録車から軽自動車にシフトしていました。しかし、燃料代の高騰が進んだ〇七年、登録車ばかりか軽自動車までもが前年比割れを記録したのは、消費者の危機意識の表れです。

しかも、問題は化石燃料だけに限りません。環境や安全への対応を強化するため、自動車産業はローエミッション化や電子化を推進していますが、そのために必要となるレアメタルが世界的に払底し、一部の産出国が独占の動きを強めています。他にも三元触媒に利用される白金、ロジウム、パラジウム、二次電池の電極・電解質に使用されるリチウム、発光ダイオード（ＬＥＤ）に必要なガリウム、高効率な点火燃焼プラグに求められるイリジウム、ネオジム磁石モーターに必要とされるジスプロシウムなど、入手が困難になった資源は枚挙にいとまがありません。

さらに、世界に先駆けて少子高齢化社会に突入した日本では、若者や都市住民を中心にクルマ離れが進んでおり、いよいよ五〇〇万台割れも視野に入れざるを得なくなってきました。社会構造や人口動態に起因してのことだけに、同じように少子高齢化の道を歩んでいる多くの欧州諸国や、（公共交通インフラの発達や社会経済格差の解消の度合い次第ですが）東アジアの新興国も、数年の時間差を置いて同じ状況に直面する恐れがあります。欧州は、今や北米を抜いて世界最大の自動車市場になろうとしている地域ですし、東アジア地域は自動車に限らず世界経済の牽引役ですから、これらの地域が日本と同様の市場停滞期を迎えたときの影響は深刻です。

一方では、二〇〇八年一月に開催されたインドのデリーモーターショーに、ここ数年で最大の業界関心事であった三〇〇〇ドルカーが出品されました。今後、自動車市場の底辺部分の潜在需要にミートした場合、未曾有の市場創出によって資源や環境の問題は一層深刻になります。また、自動車の価格体系が変化して自動車事業の収益性も混沌としてくるため、ことによると自動車産業全体に大きな構造変革を迫ることにもなりかねません。

このように自動車を取り巻く環境は急速に変化しているため、「持続可能性」という経営姿勢は捨て、今や「生存可能性」そのものが根本的に問われているという認識に立つことが重要なのです。

では、そのような認識に立ったとして自動車産業はどのような対応策を打ち出していくべきでしょうか。自動車産業の特質であるクローズドなネットワークを部分的に見直し、よりオープンなネットワークを再構築して、外部の技術資産やアプローチを効率的に取り入れることにヒントがあると考えます。

つまり、自動車産業という閉じた世界での自給自足や完全無欠の統合性を求めるだけでは、もはや課題解決や革新のスピードもマグニチュードも不十分です。それは、自動車産業単独で対応できるような次元ではなくなったからです。

課題が、自動車という製品や産業の現在の形を肯定した上で、その持続可能性（sustainability）にとどまっていた間は、競合や法規制やクレームへの対応を中心とする、「製造品質」面での「競争力」重視の製品開発や経営モデルのあり方で十分だったかもしれません。

しかしながら、自動車という製品や産業がその生存可能性（survivability）を問われる時代には、異業種や海外企業、新興企業、場合によってはユーザー発の情報をも、製品の開発やアップデートに効率的に取り入れていくという、「企画品質」面での「構想力」重視の仕組みに変えていくことが求められているのではないでしょうか。

そのためには、知財やソフトウェアに正当な対価を支払う、製品構造の変化に伴う新たな組織や産業構造に移行するなど、価値観やプロセスの変革も必要になってくることでしょう。

時代のテーマが「sustainability」から「survivability」に移行した今日、いよいよ待ったなしになってきたと実感する次第です。

「自動車業界唯一の相談窓口」を自称し、「自動車から始める日本のイノベーション」の実現を使命にする住商アビーム自動車総合研究所では、今後ともこの観点から自動車産業や周辺業界の皆様に課題と解決策の提示で貢献していきたいと思います。

主要製造業の研究開発費や設備投資額の約二割、主要商品の輸出額の約二割を占める国内最大の産業であるとともに、世界市場で三分の一以上のシェアを持つ世界最高の競争力を誇る自動車産業がリードする形のイノベーションこそが、少子高齢化や人口減少に伴う構造的な問題に直面している日本の経済と社会を活性化し、国際社会における「日本人としての豊かさや誇り（一人当たりおよび総和としての国内総生産がその源泉）」を次世代に引き継ぐために最も効果的で効率的な解決策だと確信すればこそです。

本書は、私ども住商アビーム自動車総合研究所が自社のメールマガジン（住商アビーム Auto Business Insight http://www.sc-abeam.com/mailmagazine/）を通じて、自動車産業の内外に向けて発信してきたメッセージの一部を抜粋、編集して体系化したものです。それぞれのトピックを「経営・戦略」「技術・製品開発」「調達・生産」「販売・マーケティング」の四つに分類し、各トピックではここ数年に起こった自動車業界内外での出来事を冒頭で紹介し、それをもとに考察していきます。

私どもが主張、提案する「自動車から始める日本のイノベーション」の意味するところを具体策として展開したり、個別に述べてきたことを普遍的なロジックにまとめたりすることによって、その全体像を掴んでいただけるようにしたつもりです。読後に「【自動車から始める日本のイノベーション】ってなかなかいいね。一緒に実現しようじゃないか」とおっしゃっていただける読者の方が少しでも多く現れてくれることを切望しております。

二〇〇八年六月

株式会社住商アビーム自動車総合研究所

顧問　加藤真一

自動車立国の挑戦

トップランナーのジレンマ

目次

第1部　トップランナーとしての経営・戦略

第2部　イノベーションをもたらす技術・製品開発

第3部　戦略性が求められる調達・生産

第4部　新たな価値を生む流通・マーケティング

自動車産業は誕生以来、さまざまな時代を経てきた。その結果、トヨタ自動車（以下、トヨタ）をはじめとする日系自動車メーカーは、トップランナーとなった。これは、自他ともに認める事実だろう。しかし、日系自動車メーカーが今後もトップランナーであり続けられるかは次の三つの課題にいかに取り組んでいくかにかかっている。

まず、第一の課題は「品質」の概念の高度化である。これまで日系自動車メーカー、そして日本車の競争力の源泉であった高い製造品質が、徐々に業界内で差別化要因ではなくなりつつある。今後は、製造品質だけでなく、その上流にあたる開発品質や企画品質まで遡って差別化を図るべき時代が到来しつつある。それはつまり壊れないだけでなく、ドキドキ、ワクワクするクルマを生み出していく必要があることを意味している。また、不具合の原因の七割は製造段階ではなく、企画・開発段階で起きており、問題は製造品質の改善だけでは解決できない。その意味でも企画・開発品質を向上させる必要がある。

第二の課題はグローバル化の一層の進展と新興市場への対応である。ＢＲＩＣｓに代表される新興国におけるモータリゼーションの勃興により、今後は自動車産業の主戦場も日米欧といった成熟市場から新興国へと移っていくことが予想される。従来、日系自動車メーカーは地域、製品、バリューチェーンのバランスを取った経営を行ってきたが、今後はより一層、地域軸を意識したグローバル経営を行っていく必要がある。このようなグローバル化の局面においては投資の意思決定がこれまで以上に重要になり、現地政府や現地従業員といったステークホルダーに対するアカウンタビリティ（説明責任）も増大する。その意味で高度な経営判断を要求される場面も増えるだろう。

最後の課題は、縮小が続く国内市場への対応である。日本に本社機能をおく自動車メーカーにとって、国内市場をどのように活性化していくかは、成長著しい新興市場をどのように攻略していくのか、と同様に、将来に向けての大きな課題である。日本国内において消費者が自動車という製品そのものに対する興味を失っていき、自動車産業としても優秀な人材の採用がままならなくなった場合、日本の自動車産業の競争力の減退という事態につながりかねないからである。

三つの課題に共通するのは未知なる領域への挑戦ということであろう。つまり製造品質より上流の未知なる品質への挑戦であり、これまでの自動車産業の常識が通用しない未知なる新興市場への挑戦であり、これまでにない速度で縮小が進む未知なる国内市場への挑戦である。この挑戦に際しては、既存の商品や組織といった枠組みにとらわれないアプローチを行うことが肝要である。

日系自動車メーカーがトップランナーになったということは喜ぶべきことではあるが、同時に世界にお手本を失ったことも意味する。今後は未知なる領域に新たな枠組みを創出して自動車産業をリードしていく必要があるだろう。

1 日本自動車産業の新たな幕開け

2007.5.17

独ダイムラー・クライスラー、米サーベラスにクライスラー部門を売却

自動車産業はさまざまな時代を経て、「日本的ものづくりの再構築期」に突入した。日本的ものづくりは今後、世界唯一のスーパーパワーとして自動車産業を牽引する立場となるが、安全、環境問題、消費者のクルマ離れなど産業を取り巻くさまざまな課題に対応していくためには、オープンな姿勢での対話、統合コストの引き下げ、人的生産性の飛躍的向上といったテーマへの取り組みが必要とされる。

時代の節目

ダイムラーとクライスラーが合併解消という発表に時代の節目を感じた読者も多いことだろう。筆者も同感である。一九九八年に世界の自動車産業に合従連衡の引き金を引いたダイムラー・クライスラーの合併は時代の変わり目を予感させたし、その翌年の日産自動車（以下、日産）への仏ル

ノーの出資参加と経営権取得は、世界的M＆Aの波が押し寄せてきたことを日本人にも痛切に感じさせた。そのダイムラー・クライスラーが三菱自動車工業（以下、三菱自動車）の経営から引き上げた頃から変化の兆しはあったが、今回の発表によって一つの時代が完全に過ぎ去ったことを明確に意識することになった。

この時代の節目を踏まえて、これまで日本および世界の自動車産業はどのような時代を経てきたのか、日本的ものづくりと欧米型ものづくりとの関係を機軸に整理してみたい。また、今が時代の節目だとすれば、今後どのような時代が訪れるか、その時代における日本的ものづくりはどうあるべきか考察していく。

まず、日本的ものづくりと欧米型ものづくりとの関係を機軸に据えた場合、世界の自動車産業史は四つの時代に区分できる。また、この時代区分の意味合いをわかりやすくするため、各々の時代に国際社会における政治外交史のアナロジー（比喩）を加えてみた。

❶日本的ものづくりの形成期（一九三六〜六六年）――日清日露戦争の時代
❷日本的、欧米型ものづくりの衝突期（一九六六〜八八年）――世界大戦の時代
❸日本的、欧米型ものづくりの協調期（一九八八〜九七年）――サンフランシスコ平和条約の時代
❹欧米型ものづくりの覇権競争期（一九九八〜二〇〇七年）――冷戦の時代

日本的ものづくりとは、統合的なプロセスによって品質と生産性を高めながら、市場が求める変化や多様性、コストにスピーディに対応していく思想や仕事の進め方を指す。ややステレオタイプのきらいはあるが、ここで言う欧米型ものづくりとは、少なくともその原初形態においては規模の経済（北米）や市場の価格吸収力（欧州）にものを言わせて、コスト、時間、統合性に改善の余地を残した成果重視型のものづくりのことを指している。

日本的ものづくりの形成期～日清日露戦争の時代【一九三六～六六年】

この時代は自動車製造事業法によってトヨタ、日産が参入（いすゞは参入済み）した一九三六年に始まり、トヨタから初代「カローラ」、日産から初代「サニー」が発売された六六年までの三十年間と定義する。この期間に前述したような日本的ものづくりの原型が形成されたと考えられるからである。

戦前、国内の乗用車市場は米ゼネラル・モーターズ（以下、GM）、米フォードの組み立てに独占されており、戦時中これら二社が排除されたあとも国産車は三輪車中心であった。戦後は軍民転換により自動車メーカーが三十社以上も乱立したが、燃料や原材料の調達に事欠いたこと、非軍事化のための財閥解体で内製部品部門が分社・解体された影響もあり、各社の稼働率は二〇％台にとどまった。

日銀総裁が「日本に自動車工業は不要である（海外から輸入するほうが消費者や国民経済の利益にかなう）」と説き、日産は英オースチンモーターと、日野自動車はルノーと提携してライセンス生産に乗り出すなど、日本の自動車工業は圧倒的な国際競争上の経済的不利を抱えていた。その脆弱性を一気に露呈したのが四九年のドッジ・ラインによる緊縮財政で、資金調達に行き詰まったトヨタは翌年、大量の解雇を余儀なくされ、それに伴う労働争議で経営危機に陥った。あたかも開国直後の幕末の様相である。

この状況を一変させたのが朝鮮戦争勃発に伴う米軍からのトラック特需で、これを機会に日本の自動車産業は息を吹き返した。それと同時に日本メーカー各社は過去の教訓を活かし、安定的な供給や品質を確保するための系列の構築、在庫や稼働率の変動に泣かされないための後工程引き取り方式、軍用機産業に倣った効率的な製品開発組織である主査制、二度と労働争議に見舞われないための終身雇用の導入に乗り出している。その後、一九五五年には国産乗用車第一号の「クラウン」、五九年には軽乗用車「スバル３６０」が発売され、六五年にはトヨタがデミング賞を受賞している。

今日の日本的ものづくりの原型が形成されたのはまさにこの時期で、一九六六年の「カローラ」「サニー」の登場によってほぼ完成したといえる。

日本的ものづくりは当初から海外志向であり、一九五七年には早くも「クラウン」の対米輸出が行われた。富国強兵による国作りを目指した明治期の日本の姿に重なるが、この頃までは米国メーカーも日英同盟よろしく合弁、技術指導などを通じて日本的ものづくりの形成とその海外進出を間接的に支援した。六三年の独チキンタックスへの報復で独フォルクスワーゲン（以下、ＶＷ）のピックアップ（ボンネット型トラック）を駆逐したように、この頃まで米国車の仮想敵国は欧州車であり、日本車はライバルに値しない存在であったということもあろう。朝鮮特需を明治維新、「クラウン」発売を日清戦争、「カローラ」「サニー」登場を日露戦争になぞらえることができるだろう。[1]

日本的、欧米型ものづくりの衝突期〜世界大戦の時代【一九六六〜八八年】

日露戦争の勝利直後から日米関係が険悪化したのと同様に、「カローラ」「サニー」の登場直後から、日本的ものづくりは米国との摩擦を起こしはじめる。一九六九年に対米進出して大成功を収めた「日産２４０Ｚ」は、日本車に対する米国の見方を一変させた。さらに七〇年のマスキー法、七三年の第一次石油危機への対応に米国車が手をこまねいている間、本田技研工業（以下、ホンダ）が「シビックＣＶＣＣ」を投入して課題を一気に解決したことで、日本的ものづくりは欧米などで一躍、脚光を浴びる。低燃費と低価格を武器にした日本車は、集中豪雨的に対米輸出されはじめ、業績や財務体質を一気に強化した。七九年の第二次石油危機をきっかけに、翌八〇年には日本が自動車生産世界一となった。

この辺りから日本的ものづくりは米国車の脅威とみなされて政治問題化することになる。翌一九八一年には米国でローカル・コンテンツ法案が通過し、日本側は輸出自主規制で摩擦を回避しようとするが、一触即発の状態はその後も続いた。ようやく緊張緩和の兆しが見えたのは、ホンダ・オハイオ工場、日産・スマーナ工場、トヨタGM合弁（NUMMI）など日本車各社のグローバル化（現地生産の開始）と八五年のプラザ合意による円切り上げ、それらを通じた日本車の対米輸出ペースの鈍化と米国メーカーの価格競争力や業績の回復によるものだった。最終的には八八年のトヨタ・ケンタッキー工場設立によって日米衝突は一応の決着をみる。

欧州でも同じ時期に同じような経過を辿る。欧州各国は日本車の輸出先が米国から欧州にシフトすることを恐れて日本車輸入枠を設け、一九八五年には輸出規制も始まる。問題がほぼ決着するのは八六年に英国日産が生産を開始して以降である。

欧米的ものづくりが石油危機で疲弊する中で、それを契機に逆に自動車大国に上り詰めた日本的ものづくりは第一次大戦後の日本の姿と重なる。危機感を覚えた欧米型ものづくりは、グローバル化と為替切り上げで日本的ものづくりの競争優位の根源を叩いたことになり、第二次大戦の経過に対比できる。

▼1　ドイツ政府が米国産冷凍鶏肉の輸入に対し、不平等な関税を課していたことへの報復として、でんぷん食品、ブランデー、小型トラックに二五％の関税を課し、VWの小型トラックを事実上米国市場から閉め出したことを指す。

日本的、欧米型ものづくりの協調期～サンフランシスコ平和条約の時代【一九八八～九七年】

ところが、グローバル化と為替切り上げによって潰されたはずの日本的ものづくりは、増加の勢いこそ失ったものの、引き続き顧客の支持を得て獲得した地盤を失うことはなかった。低燃費、低価格といった顕在的な強みに加え、統合的なプロセスによる品質と生産性の高さといった潜在的な強みを持っていたからである。一九八九年のレクサス対米展開の成功によってこの強みは顕在化し、これ以降日本的ものづくりは統合性を武器にする形に進化する。

このころ、欧米型ものづくりと日本的ものづくりの関係は一九六六年以降で最も安定した協調期に入る。その背景には、まず石油価格が下落して大型米国車の人気が復活し、一九六三年の報復関税以来、輸入車に対して高い関税障壁を維持していた商用車セグメントが勃興してきた結果、ビッグ3の業績が回復してきたこと、さらには日本車の現地生産が増加するとともにバブル時代には日本車メーカーも内需に注目した結果、自主規制枠を使い切れないくらいに日本車の対米輸出が減少したことによってビッグ3側に余裕が生まれたことが挙げられる。

むしろ、キャプティブ・インポート（日本車の米国車ブランドでのOEM輸出）や日本メーカーとの提携によって日本的ものづくりから恩恵を得たり、学んだりすることのほうが効果的だと考えられるようになったこと、その結果、一九九〇年代初めには少なくとも定量的な指標において日本車との品質や生産性のギャップがほとんどなくなったこと、さらにバブル崩壊後は多くの日本車が業績不振に陥り、欧米型ものづくりにとっての脅威が減少したことも影響している。こうした背景から九四年には対米輸出自主規制が撤廃される。

つまり、この時期、日本的ものづくりは、前半は学習や利用の対象として、後半はどちらかといえば反省の対象と位置づけられ、いずれにしても国際的な脅威とはみなされなくなった。サンフランシスコ平和条約調印後の日本の姿と重なるところがある。

しかし、この時期に日本的ものづくりの裏側では進化と同時に、欧米型ものづくりに学んで大幅な刷新に取り組んでいた。一九九二年にはトヨタが、九四年にはホンダが、製品開発組織を再編するとともに、各社とも標準化や共通化によるコスト削減を行い、環境変化に内側から備えていた。その成果が九七年のハイブリッド車「プリウス」になって現れるが、欧米型ものづくり側ではその意味合いや影響にそれほど注目していなかった。

欧米型ものづくりの覇権競争期〜冷戦の時代【一九九八〜二〇〇七年】

一面的とはいえ日本的ものづくりへのキャッチアップを終え、業績も安定してきた欧米型ものづくりの間では覇権競争が開始された。その引き金となったのが独ダイムラーによる米クライスラーの事実上の吸収合併である。

欧州企業は、日本的ものづくりの台頭以降、世界の自動車産業史においてリージョナル・プレーヤーに過ぎなかった。だが、次世代の戦場は環境・安全技術になると想定し、そこでの成功要因は当該技術の開発に必要な経営資源の獲得と、開発した技術を実質的に業界標準化するための業界内でのポジション確保になると予測していた。そこで、日本的ものづくりの退潮期に満を持してスーパーパワー化を狙って動き出したのである。ダイムラーは直前に「Aクラス」を発表してフルラインメーカー化の意思も明確にしている。

これに対して米国側も、ブランド力のある老舗欧州企業の買収という形で反撃に転じる。欧州にあって米国にないものがブランド資産であり、次世代の戦場はものづくりだけではなく、ブランドとバリューチェーンが舞台になると想定しての行動である。その結果、ボルボ、ジャガー、ランドローバー、アストンマーチンといったブランドが米国企業の傘下に入っていった。

次世代の戦いの構想に欧米間で違いはあるものの、どちらも「箱の中身よりもまず箱を確保することが重要だ」という認識のもとで大型のM&Aが展開された。あたかも冷戦期にイデオロギーを異にする米ソが核抑止力を用いて世界分割競争を展開したように、世界の自動車産業においてもM&Aという飛び道具を用いた覇権争いが繰り広げられていくのである。

日本的ものづくりも多くが覇権競争の対象とされた。覇権競争の対象にならなかったトヨタ、ホンダですら覇権競争の主役側に回ることはなかった。この時期、日本的ものづくりはそれ以前の負債処理に追われ、覇権競争に主役的な立場で参画する道を閉ざされていたのである。

そこで、多くの日本車メーカーは、箱を確保する側に回れなかった代わりに箱の中身の充実に努めた。経営資源を、統合的なものづくりプロセスの品質、コスト、スピードの向上に充てることで小さくても存在感のあるリージョナル・プレーヤーとして生き残ることを目標とした戦略をとったのである。

その結果、商品開発面では乗用車派生のスポーツ・ユーティリティ・ビークル（SUV）やピックアップ、ミニバン、クロスオーバーなどに活路を見出した。市場開拓面では、成長前の中国への進出（一九九九年の広州ホンダが最初）、一九九七年のアジア危機で疲弊したタイの輸出基地化、マザーカー、マザープラントなしで生産準備以降の全プロセスを現地に権限委譲するプロジェクト（トヨタ「IMV」）などを推進していった。「プリウス」も先代の市場経験をしっかり織り込んだ二台目が登場する。

この時期、次世代戦争を睨んだ箱の確保に出遅れた反面、箱の中身で欧米型ものづくりに先行したことの意義は大きい。

自動車産業における冷戦期は、現実世界とは異なる経過で終結する。現実世界では、資源に劣るソ連が米国との四十年以上もの戦いを維持するコストに耐え切れなくなり、兵糧攻めのような形で敗北し、米国が唯一のスーパーパワーとして君臨する時代を迎える。ところが、自動車産業においては米国も欧州もいずれも体力を疲弊してしまい、次世代戦争が始まる前にメインプレーヤーの座から降りていくことになったのである。

そして入れ代わりに唯一のスーパーパワーとなったのが、こつこつと経営資源の蓄積と統合的プロセスの進化・刷新に努めてきた日本的ものづくりである。トヨタは売上高、利益額ですでにGMを抜き、世界最大となった。他の日本車メーカーも多くの国内工場はフル稼働状態にあり、軒並み史上最高益を更新している。今や世界で生産される自動車の三台に一台が日本車になっている。前の時代の初めには誰も予想できなかったことだが、日本的ものづくりが覇権を握る形で新時代を迎えることになったのである。

日本的ものづくりの再構築期〜非対称戦の時代【二〇〇七年〜】

では、これから始まる新しい時代とはどのような時代なのだろうか。戦いの様式としては、「非対称戦（asymmetric war）の時代」であろう。そして、世界の自動車産業史としては「日本的ものづくりの再構築期」に入ったと考える。

「非対称戦」とは、質・量を異にする武力集団間（典型的には正規軍とテロ集団）で行われる戦闘のことを言う。従来の戦闘が、国家間で、同種の戦略目標を目指して、同種の装備や戦術をもつ正規軍同士で戦われる「対称戦」であったことと対照的である。非対称戦では攻撃の対象や勝敗の概念すらも対称戦とは異なることが多い。

言うまでもなく同時多発テロ（二〇〇一年九月十一日）以降に急速に広まった概念である。この事件は、米国がソ連との冷戦に勝利し、唯一のスーパーパワーとなって、ユーゴスラビア紛争などを通じてその能力を世界に見せつけた直後に起きた。時代の変わり目から間を置かずに新たな戦いの時代が始まっているのである。

世界の自動車産業史においても同様の定義が可能である。従来、世界自動車戦争は、世界の主要自動車メーカー間で戦われてきた。そこには主要自動車メーカーごとに他社のお手本となるような得意分野の棲み分けがあり、他社はお手本に学びながら、自社の得意領域でそれをより巧妙なものづくりに転換するという戦略をとることが可能で、その戦略に成功した自動車メーカーに経済的繁栄がもたらされるというルールが存在した。

たとえば、伝統的に米国企業は商品企画と市場導入が得意で、実際にミニバン、SUV、フルサイズピックアップなど多くの市場セグメントを開発してきた。欧州メーカーは要素技術の開発と規格化に長けており、DOHC[2]、可変バルブ機構、コモンレール、ESC[3]など多くの技術がそこで開発され、CAN[4]、NCAP[5]、DIN[6]などの規格化にも成功している。日本車は統合的なプ

▼2　DOHC（Double OverHead Camshaft）ダブル・オーバーヘッド・カムシャフト
▼3　ESC（Electronic Stability Control）横滑り防止装置
▼4　CAN（Controller Area Network）車載機器の接続規格
▼5　NCAP（New Car Assessment Programme）新車アセスメントプログラム
▼6　DIN（Deutsche Industrie Normen）ドイツ連邦規格

ロセスの設計と運用が得意領域であり、欧州で開発された技術・規格を、日本の統合的なプロセスを用いて世界最高の生産性と品質に作り込んだ上で、北米メーカーが創出した市場セグメントに対して米国流のマーケティング手法を用いて投入し、成功してきたといえる。

米欧間の覇権争いの結果、両者ともに疲弊してしまい、図らずも世界唯一のスーパーパワーとなった日本的ものづくりも、冷戦後の米国同様に外からも内からも新たな挑戦を受けはじめている。従来とはまったく異なる敵からのまったく異なる内容での挑戦であり、まさに非対称戦である。

外からの挑戦者とは、自動車の統合性を積極的に評価しない勢力のことである。その勢力にも二つの考え方が存在する。

一つめの考え方は、クルマを必要悪もしくは不必要悪と捉えるものである。自動車がどれだけ統合性を高めたとしても、クルマが増えれば増えるほど環境汚染、天然資源の枯渇、地球温暖化など気象の激変が進み、交通渋滞や交通事故に起因する経済的・社会的損失が増大するというトレードオフの関係は本質的に避けられないという視点に重きを置き、経済的・社会的な自動車依存度を少しでも下げようとする運動のことである。理屈上は反論できないし、社会正義でもあるから強力である。

煙草、トランス脂肪酸、捕鯨に対する敵意がどれだけ凄まじいか、その結果、それらを取り扱う事業者がどのような境遇に置かれているかをイメージすればよい。「クルマは本質的に違う、まだそこまでは至っていない」という反論があるかもしれないが、世界自動車戦争に敗北した米国が自動車の製造を放棄し、もはや国益とみなさなくなったらどうだろうか（実際にサーベラスはクライスラーが開発と販売に特化した企業になる可能性を示唆している）。

また、自転車や公共交通機関へのモーダルシフト、カーシェアリング、パークアンドライドを推進する動きにその予兆は感じられないだろうか。

一方、二つめの考え方においては、そのような自動車の社会や国民経済上の負の価値には関心が払われない。移動手段としての利便性や事業ドメインとしての収益性や成長性には従来以上に注目する一方、クルマがもつそれ以外の価値、特に資産性や自己表現手段としての記号的価値、居住空間や趣味の対象としての意味合いには従来ほどの意義を認めず、したがって統合性のコストを払うことに消極的な勢力のことを言う。日本国内では携帯電話のほうがより重要であってクルマは下駄代わりで十分とする若年層、海外では一〇〇万円以下の自動車を待望する顧客層にその広がりを見ることができる。また、そうした需要に中国やインドの新興自動車企業が応えようとする動きもある。

いずれも統合的な日本的ものづくりの否定につながりかねない動きであるという点で共通している。一方、統合性に対する内からの挑戦者とは、それを内側で支えてきた人材の絶対的不足や希薄分散、ミスマッチの問題である。

人材の絶対数の不足は少子高齢化の国が抱える構造的問題だが、とりわけスーパーパワー化によって前線が世界規模に拡大したタイミングで団塊の世代の退職期を迎えたことが、事態をより深刻にしている。しかも、団塊の世代以降の技術者は、広く浅い統合的な知識経験よりも、狭く深い完全性が求められる細分化された専門組織で知識経験を積むことが求められてきたため、グローバル化に伴う統合的な人材ニーズと必ずしも合致しない。

これら内外の変化は、統合的なプロセスに強みをもつ日本的ものづくりの従来の勝ちパターンに対する非対称型の新たな脅威と考えられる。唯一のスーパーパワーとなった日本的ものづくりが今後とも繁栄しつづけようとするのであれば、伝統的な国家間の正規軍同士の戦いで勝ち残る能力だけでなく、非対称戦への対応能力も身につけておく必要がある。すなわち「日本的ものづくりの再構築期」に突入したのである。

日本的ものづくりの再構築期の戦略

非対称戦には特効薬がない。その備えは米国軍をもってしても十分ではなく、実際に世界中で苦戦を続けている。日本的ものづくりも同様の苦戦が予想されるが、米国軍の成功・失敗体験からいくつかの方向性は示されているだろう。

まず、第一に、普遍的なビジョン・ミッションを構築し、誠実にその実現に努める姿勢と、オープンに対話して協力者を募る活動が重要だと考える。

9・11のあと、米国は自由・民主主義と生命・財産の安全の価値を再定義するとともに、その価値観の伝道者の役割を自らに課して、人の生命や財産を脅かすテロへの徹底抗戦を訴えて世界各国に賛同者を募った。その成果は、タリバン討伐戦への各国の協力と予想以上のスピードでの目標達成になって現れたが、その一方で、パレスチナやバルカン半島政策ではダブルスタンダード、イラク戦争では国際協調のプロセスを経ない先制攻撃理論の独善性、一連の政策の背景に石油利権をめぐる動機づけの不純性があったなどの指摘を受けるに至ったことが失敗要因であると考えられる。

日本的ものづくりにおいては、安全や環境問題への対応でこの教訓を活かすべきである。従来、この分野は自動車メーカーにとって差別化と優位性確立の対象であり、外部に自社の戦略や技術情報が漏れることは競争上致命的だと捉えられてきたはずだが、非対称戦時代には逆にそのような囲い込みの姿勢こそが社会正義や一貫性を欠くものとして、競争優位以前に自動車産業の存続そのものを危うくしかねない。

社会は明らかに安全面ではゼロ・アクシデントを、環境面ではゼロ・エミッション、カーボン・ニュートラルを求めている。自動車産業はそうした社会と共生する意思と能力を、時間軸と方法論を含めて社会に提示し、一貫性をもって取り組んでいかなければ社会の共感は得られない。

また、実際にはおそらく自動車産業単独の取り組みでは社会との完全な共生は不可能であろうから、自らにはいつ何がどこまででき、外部にはいつ何をどこまで求めようとするのかもオープンにし、誠実に社会や異業種と対話していく姿勢への転換が求められるだろう。

こうした社会との共生のロードマップを明確にしていない企業もあるし、リコール問題、ＯＢＤ（車載故障診断装置）情報の開示、ドライブレコーダの搭載義務づけといった問題に対しては不誠実さや消極的な姿勢が一部の企業に見られる。非対称戦時代には、こうした姿勢が自動車産業そのものの存続を危機に陥れかねないリスクを有していることを認識しておくべきであろう。

第二に、統合コストの引き下げがもっと議論されるべきである。

低価格車に対するニーズが高まっているからといって、前述のような安全や環境に関する分野で統合性を犠牲にして低コスト化を実現するような安易な妥協は許されない。日本車は売れるものなら何でも作る・売るかのような格好となり、一貫性を欠くことになるからである。

だが、それ以外の領域では統合コスト引き下げの余地はまだあるように見える。たとえばある欧州の高級車は、前後のドアのウェザーストリップの高さが揃っていない。日本車の美的感覚や同じ価格帯の乗用車の設計、組付標準からいえば、ありえないことではないかと思う。だが、それによって興冷めするほど重要な問題かといえばそんなことはない。統合性にも軽重や優先順位があってもよいのではないだろうか。

また、統合性が求められる領域であっても、表が統合的であれば裏が非統合的であってもよいもの、インタフェースが統合的であれば単体は非統合的であってもよいもの、機能的に統合的であれば構造的に非統合的であってもよいものなど、統合性の程度や範囲ももっと柔軟であってよいはずだ（ここで「統合的」とは個別専用設計で摺り合わせ型のプロセスで作り出す製品、「非統合的」とは汎用標準設計で組み合わせ型のプロセスで作り出す製品のことを指す)。

何にでも高い次元の統合性を求めれば、自動車メーカーの負荷は下がらないし、サプライヤ側でも規模の経済性が働かないため、コストも下がらない。非対称戦の時代には統合性のフレームワークを再定義することが必要であり、それに伴って自動車メーカーとサプライヤの間で業務スコープや責任の焦点、範囲、基準を再度見直し、サプライヤへの権限委譲を一層推し進めることで、統合コストの引き下げを検討していく必要があるだろう。

第三に、人的生産性の飛躍的向上のための取り組みが求められる。

従来、標準化や共通化はコスト削減の観点から論じられることが多かった。前述の統合コスト削減にもその視点が多分に入っている。だが、限られた人的資源を有効活用するという観点でも標準化や共通化がもっと注目されるべきだ。

標準化とは、平均的な教育を受けて平均的な熟練度をもつ日本人でなくても、同じ内容、同じ水準の仕事がこなせるようにするツールであり、共通化とは、たった一人で何人分もの仕事をこなしたのと同じ成果が導けるようにするツールと考えることができる。

人的資源の節約や有効活用が求められる非対称戦の時代には、そういう意味での標準化や共通化の効用がもっと脚光を浴び、もっと活用されてよいはずである。

同時に、意識的に技術者の統合性を育成するような組織的、人事的な取り組みも必要になってくるだろう。高度な専門性が求められることから細分化してきた縦型の組織や人材には統合性の面での制約が生まれやすい。だからこそ、日本的ものづくりでは主査制を設けて意識的に横軸をとおしたり、計画的な人事ローテーションを行ったりして、専門分野以外の知見に接する機会を設けようと努めてきた。

だが、クルマの概念を根底から変えた「プリウス」が、当初計画から二年も早く市場投入できたのはなぜなのかを、次の三点を踏まえて組織や人事の面から再評価してみる価値があると思われる。

第一に、この商品が機能別組織や製品別組織から生まれたのではなく、異例の課題別組織から生まれていること。第二に、その開発を指揮したリーダー（主査）が、伝統的な車体設計からではなく、異例の実験畑からの起用であったこと。第三に、当初は「二十一世紀のクルマのあり方を考える」ための技術的スタディに過ぎなかったプロジェクトを、企業戦略にまで高め、製品開発というアクション・プランに落とし込み、最終的に投入時期の前倒しを決定した経営トップが、理系（工学部）出身ではなく文系（商学部）出身だったこと。

これらの事実は、人的生産性の向上に組織や人事の面でさらなる意識改革の余地があることを示していると言えるのではないだろうか。

2 企画品質の時代

二〇〇五年の米国自動車初期品質調査で、トヨタが十八部門中十車種でトップ

2005.5.24

これまで日本車の特長であった、高い「製造品質」が業界内で差別化要因ではなくなりつつある。品質を「当該工程に求められる役割をどれだけ前工程の指示に忠実に、むらなくこなせたかのレベル」と定義すると、今後は「製造品質」だけでなく、「開発品質」「セールス品質」「サービス品質」まで含めたすべての品質の出発点となる「企画品質」まで遡って差別化を図るべき時期にきている。

ＩＱＳに関する報道記事

二〇〇五年五月、米調査機関ＪＤパワー（J. D. Power and Associates）が恒例の米国自動車初期品質調査（ＩＱＳ）を発表した。今回は二〇〇五年モデルが対象で、例年どおり、購入後九十日間の初期不具合の件数を一〇〇台当たりの指数で表示しており、数字が小さいほど初期品質が優秀なこと

を示している。

JDパワーでは、セグメント別、工場別にもIQSを集計しているが、ここではブランド別のランキングについてのみ記述する。

はじめに、今回の注目すべきポイントがどこにあったかについて触れておこう。主に次の三点である。

❶過去二年、連続トップのレクサスが首位をキープできるか。
❷前年、韓国現代自動車（以下、現代）に敗れたトヨタが再逆転するか。
❸前年、韓国起亜自動車をも下回る三十二位に低迷した日産がどこまで回復するか。

結果は次のとおりである。
❶レクサスは、首位をがっちりキープ。
❷トヨタは、現代を再逆転。
❸日産は、業界平均並みまで急回復。

二〇〇四年の日産には異常事態が起き

◆米国自動車初期品質調査結果

1位	レクサス
2位	ジャガー
3位	BMW
4位	ビュイック
5位	キャデラック
5位	メルセデス・ベンツ
7位	トヨタ
8位	アウディ
9位	インフィニティ
10位	ハマー
10位	現代
12位	ホンダ
⋮	⋮
16位	ジープ
16位	マーキュリー
16位	日産

ていた。中期計画「日産180」に対応して米ミシシッピ州のキャントン工場で、二〇〇三〜〇四年にかけて四車種の新型車を立て続けに立ち上げたために品質トラブルが相次ぎ、日本から二〇〇名以上のエンジニアを派遣して問題を乗り切った。この改善はその成果であろう。

ここまで書いてくると、品質は日本車のコア・コンピタンスであり、今後も品質に一層の磨きをかけて不滅神話とするべきである、といった議論が出てきても不思議ではない。実際、ＪＤパワーは今回の結果発表にあたり、「メーカーはこれに満足するべきではない」「油断すれば他社におくれを取ることになりかねない」というコメントをつけている。

品質に関する構造的解釈

だが、筆者の見解はやや異なる。第一に、初期品質における日本車のリードは絶対ではない。レクサスは二〇〇五年も首位をキープしたが、二位であるジャガーとのスコア差は一〇〇台中7ポイントに過ぎない（前年も二位のキャデラックとの差は6ポイントであった）。また、たしかにトヨタは現代を再逆転したが、これは現代が前年より8ポイントスコアを下げたことが理由で、トヨタ自体も1ポイントスコアを下げているし、前年、現代より上位にあったホンダは「オデッセイ」のモデルチェンジもあって現代を下回っている。トヨタ、ホンダを除けば、日本車で業界平均以上にあるのは、毎年順位を下げている日産の「インフィニティ」だけである。

第二に、初期品質のスコア差は業界全体で毎年縮まっている。毎年のIQSの標準偏差の推移を見ると、二〇〇三年26→二〇〇四年23→二〇〇五年18と年々縮小している。トップと最下位のスコア差も、二〇〇三年149→二〇〇四年86→二〇〇五年70とこれも縮小してきているのである。要するに日本車にとっても米国自動車業界全体にとっても差別化要因としての初期品質の重要性は薄れてきているということである。そして、それにもかかわらず、日本車は売れて米国車は売れないなど、販売台数と業績の格差はむしろ拡大しているという事実を踏まえると、品質に関する認識を一度構造的に整理しなおしてみる必要があるのではないだろうか。

自動車の品質には六つの品質があると筆者は考えている。「企画品質」「開発品質」「製造品質」「使用品質」「セールス品質」「サービス品質」の六つである。このうち製品の品質に関わるものが「開発品質」「製造品質」「使用品質」であり、マーケティングの品質に関わるものが「企画品質」「セールス品質」「サービス品質」だ。宣伝・広報やチャネル政策・ディーラーの店構えや販売活動は「セールス品質」に、ポストセールス（販売後）のメーカーとディーラーの活動の品質は「サービス品質」に分解される。

一般に品質とは、その工程に求められる役割をどれだけ高い水準でどれだけむらなくこなせるかということだから、「企画品質」とは、顧客の潜在的要求をどれだけ高水準にむらなく忠実に製品の仕様書に落とし込めるかということである。

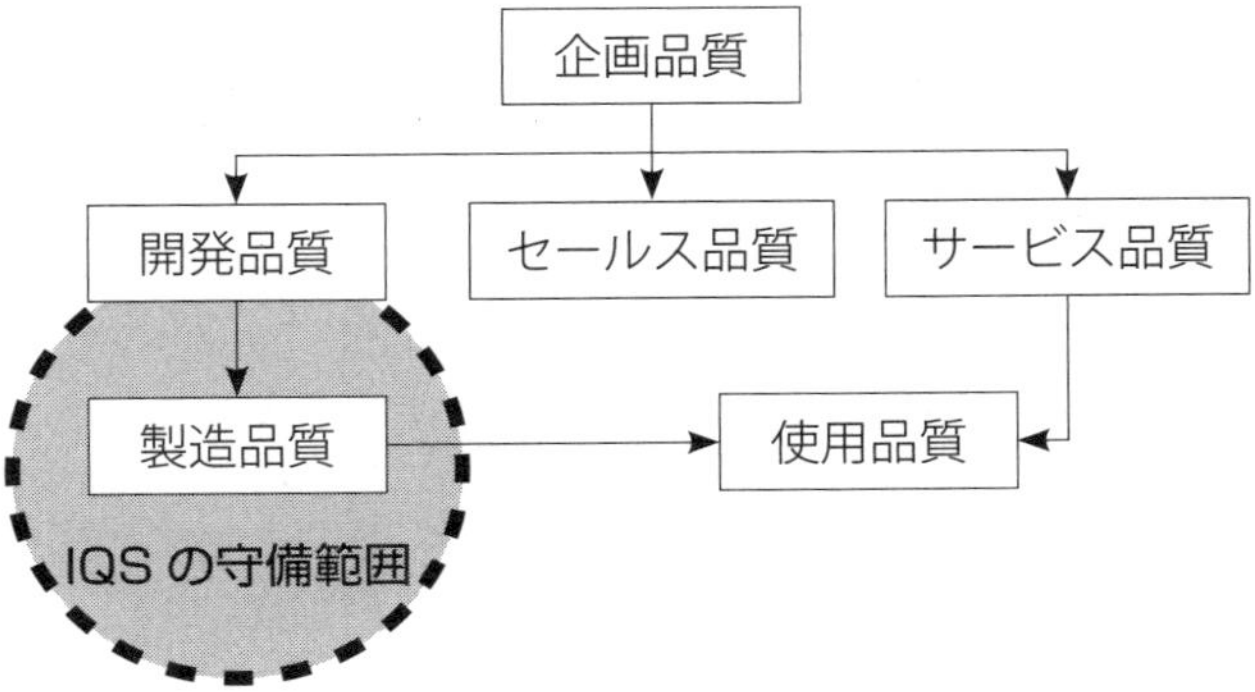

同様に、「開発品質」とは仕様書をどれだけ忠実に設計図に落とし込めるかであり、「製造品質」とは設計図に対してどれだけ忠実な製品をラインオフできるか、そのために部材、工程、工数、設備をどのように設計し、工場でどのように運用するかが鍵になる。

「使用品質」とは、新車時ではなく、経年劣化後の品質のことで、「企画品質」に内在すべきものだが、「サービス品質」にも依存する。

「セールス品質」とは、商品企画（仕様書）に対してどれだけ忠実なメッセージを市場・顧客に対して発信できるかという品質であり、「サービス品質」も商品企画（仕様書）に基づきどれだけ忠実なカスタマー・リレーションが構築・維持できるかという品質のことである。

いま一度、六つの品質相互の関係を見ていただきたい。次のような構造になっており、一番下の先にあるのが顧客接点における品質、すなわち顧客が直接感じることのできる品質になっている。

企画品質の時代

自動車メーカーの中でもモノづくりに関わっている人々はＩＱＳに一喜一憂しがちであるが、ＩＱＳはあくまで品質の一部に過ぎない。大まかに言えば、ＪＤパワーが計測しているＩＱＳとは、❶にあたる顧客接点における品質、つまり「開発品質」と「製造品質」のみである。「開発品質」と「製造品質」からなるＩＱＳのスコアでクルマが売れるわけではないことは、二〇〇五年一月から四カ月間の新車販売実績でも明らかである。

四カ月の累計販売台数の前年同期比増加率でブランド別にトップ10を見た場合（年間販売台数一万台以下のニッチブランドを除く）、一位はサイオン（若者向けのトヨタ第三ブランド）、二位はミニ、三位はクライスラーで、以下日産、マーキュリー、現代、スズキ、トヨタ、起亜、アキュラと続くが、この十ブランドのうちＩＱＳが業界平均以上だったのは現代、トヨタ、アキュラの三つだけである。スズキに至っては今回ＩＱＳの最下位であった。

逆にＩＱＳのトップ５の販売台数前年同期比増加率ランキング（全36ブランド）を見ると、最高位がキャデラックの十四位であり、その他の四つはレクサスを含めて全米平均以下、うち三つは前年同期比マイナスになっている。

このことは、「開発品質」「製造品質」の高い車を作れば売れるというわけではなく、逆に「開

すなわち、その背景には

発品質」「製造品質」が低くても売れる車が存在することを示している。すなわち、その背景にはすべての品質の原点である「企画品質」があるのではないかという仮説が成り立つ。次の実例で考えるとわかりやすいだろう。

数年前にある自動車メーカーが独身の若い男性向けの製品を発表した。「製造品質」（したがって間接的には開発品質も）の評価は悪くなかった。だが、結果としてこの製品を買ったのは既婚の中年女性であったし、台数も計画を下回った。

「製造品質」を評価するのは実際に購入した顧客である。その人たちは仕様書を評価し、製品も気に入っていたが、本来のターゲット・カスタマーは買っていないので評価の母体にすら入っていない。

もしかすると「セールス品質」に問題があって、ターゲット・カスタマーにリーチできなかったのもかもしれないが、仕様書に別の顧客層が反応した結果を見ると、そもそもターゲットの設定自体や、ターゲットの（潜在的）要求の吸い上げや、吸い上げた要求の仕様書への落とし込みに問題があった可能性も大きい。これが「企画品質」の問題である。

日本企業では商品が売れないとなると、往々にしてモノづくりの側にいる人々は「売り方が悪いから売れない」と言い、マーケティング・サイドの人々は「いいクルマがないから売れない」と不平を言いがちである。そして、どちらの側の人たちも多くの場合、高品質の仕事をしている。

このような場合は、原点に立ち返って「企画品質」をレビューしてみる価値があるのではないだろうか。商品企画部門の構造に組織的な問題があったり、リソースの配分や意思決定のメカニズムに問題があったりはしないだろうか。

初期品質での優位が差別化要因にならなくなった今こそ、原点に立ち返った「企画品質」のレビューの好機である。

3 海外比率が上昇すると戦略軸はどう変わるか

2006.4.25

世界で生産される自動車、日本メーカー製が三分の一に

日本車メーカーは伝統的に地域軸、製品軸、バリューチェーン軸の三軸均衡経営を行っており、それが今日の市場環境にマッチしたことで成功を勝ち得た。だが、今後は人口動態的理由から地域軸の重要性が増すことが予想されるため、意識的に他の二軸との均衡策を講じなければ従来の勝利の方程式が崩れることになる。

二〇〇五年の日本車の海外生産（二輪を除く）が初めて一〇〇〇万台に到達し、国内生産台数に肩を並べ、二〇〇七年には海外生産が国内生産を初めて上回った。世界で年間七〇〇〇万台生産される自動車のうち、日本メーカー製が三分の一を占めるようになった。

日米欧の自動車メーカーがこれまでどんな軸で戦略を構築してきたかを振り返りながら、海外比率の上昇によって戦略軸の置き方に変化が生じるのかどうか、またその際の留意点は何かを考察することとしたい。

三つの戦略軸

自動車メーカーには三つの戦略軸があると考えられる。「製品軸」「バリューチェーン軸」「地域軸」の三つである。

製品軸とは、個別の製品ごとに、またはブランドやラインナップ全体で、プロダクトマネージャーやブランドマネージャーが構想したとおりの、仕様・品質・製造方法、価格・コスト、販売チャネル・標的顧客、受注活動・サービス手法で、製品の位置づけを一貫させようとする価値観や動機づけのことをいう。

バリューチェーン軸とは、企画・設計・調達・製造・販売・物流・金融・点検整備・修理交換・中古車の回収・再販など一連の企業活動を個別の機能に分解して各々の機能において、また各機能の連鎖・連携の状態として、効率性や収益性が発揮されているかどうか一貫して追求しようとする価値観や動機づけのことを指す。

地域軸とは、商品が販売・サービスされる各市場において、また個別市場の組み合わせによる市場ポートフォリオとして、顧客満足、競争優位、収益機会が最大化されるような商品投入や企業活動が行われるように一貫して見ていく価値観や動機づけのことである。

この三つの戦略軸は、お互いに制約要因として働くことになる。たとえば、やや極端な例だが、製品軸として開発主査が欧州の高級車に匹敵する高速安定性能をもつプレミアム商品というコンセプトのもとに、全幅を一八〇〇㎜に拡大するとともに、全車にＶ６エンジンを標準採用し、上級グレードにはスタビリティ・コントロールも搭載しようと考えたとする。

これに対して、バリューチェーン軸の側から、どうせ全幅を広げるなら既存のプラットフォームや製造ラインが使える一八五〇㎜まで拡幅するとともに、部品標準化の観点からエンジンは他の商品でも採用が決定している直６に変更し、開発費回収を早めるためスタビリティ・コントロールは全車に標準設定してほしいという声があがることがある。

さらに、地域軸の側からは現地の駐車場事情として全幅は一七五〇㎜以内に抑えてもらわないと困る、価格競合力の観点から直４モデルを設定し、スタビリティ・コントロールは広く薄く商品性が認められるので全グレードにオプション設定してほしいと要求してくるかもしれない。

これらの要求に全部対応しようとしたら、製品軸はデッドロックに乗り上げてしまうし、無理やり妥協点を探ろうとしたら、当初のコンセプトとは似ても似つかない商品が生まれ、商品体系もちぐはぐなものになってしまいかねない。企業の効率性・収益性も最適化されない。

つまり、製品軸、バリューチェーン軸、地域軸の三つは、他の二つを制約関数とする条件のもとで、自己の目的関数の最大値を求める最適化関数の関係にあることがわかる。

しかも、この関数で最適解を求めることは容易ではなく、そもそも最適解が存在するのかどうかすら疑わしい。三つの関数はそれ自体が不断に変化しているからで、その理由は各々の関数がそれぞれに複数の変数を有し、それらの変数が相互に影響しあって動いているからである。

たとえば、製品軸には常に技術革新が発生する。その結果、1シリーズと5シリーズにバルブトロニック・システムが導入されると3シリーズが手を打たないわけにはいかなくなる。バリューチェーン軸においても、デジタル・エンジニアリングの結果、設計と試作・実験のリードタイムが短縮されれば企画の錬度や解析の精度、品質の要件、Time-to-Market は向上されなければならない。その結果、地域軸を規定する制約条件は変化し、地域軸の最適解を変化させるのである。

したがって、自動車メーカー間の競争とは、この見えない最適解を手探りの中で誰が最初に見つけるかの競争であると言い換えることができる。また、自動車メーカーの経営とは、最適解を見出す活動のルールや指針を指し示すコーチの役割だといえるだろう。

日米欧三極の中心的戦略軸

定石や正攻法が明確でない競争、役割だからこそ、現実の競争戦略や企業経営は各社各様であり、多くの場合、各社の生い立ちやビジョンの違いによっていくつかのパターンに類型化されている。その中でも、時代背景に最もマッチした競争戦略や企業経営が相対的な優位に立つというのが歴史的教訓ではないだろうか。

まず、戦略や経営のパターンは、欧州型、北米型、日本型の三つの類型に分類できる。欧州の自動車メーカーは一般に製品軸が非常に強く、バリューチェーン軸がこれに次ぎ、地域軸は弱い。北米の自動車メーカーは圧倒的にバリューチェーン軸が中心で、製品軸、地域軸は弱い。日本の自動車メーカーは地域軸、製品軸、バリューチェーン軸の順番で、三つの軸は比較的バランスが取れている。

欧州メーカーの場合は、多くの場合、主戦場が欧州と南米に限定され、南米市場は基本的に欧州追随型である。北米や日本をも標的市場とするようなブランドはごく一部のプレミアム・ブランドに限定され、中国などアジア市場を視野に入れはじめたのは最近の話である。その結果、伝統的にあまり地域軸を重視してこなかった。

また、欧州市場は実質的な参入企業が少ないこともあり、商品ラインナップの多様性や、商品更新（モデルチェンジ）の頻度がそれほど要求されてこなかったことから、バリューチェーンの最適化による効率化や収益改善を追求する姿勢よりも、時間とコストをかけてでも一つの製品を作り込むことや体系的なブランド・マネジメントを行うことのほうが重要視されてきたのである。もっとも九〇年代終わり頃から環境、安全に関わる投資課題が急激に拡大してきたため、投資効率追求のためのバリューチェーンの最適化にもスポットが当たるようになった。

北米メーカーの場合は、欧州メーカー以上に母国市場への依存度が高いため、地域軸の概念は一層希薄で、九〇年代半ばの日米自動車摩擦の時期ですら日本市場向けに右ハンドルの設定がないような状態にあった。

また、世界最大の市場を三社で寡占してきた歴史から、一社でいくつものブランドを抱え、あらゆるセグメントに無数の商品が投入されているため、製品軸で一つ一つの製品に最新技術を投入したり、強い個性をブランドにもたせるような経営資源の投入やマネジメントの方向性はあえて取ってこなかった。

それよりも、巨大なビジネス・インフラを活かして投資や固定費の負担を複数の商品間、ブランド間でシェアすることにより価格競争力を高めて市場占有力の維持に努め、それをプラットフォームまたは原資にした金融・サービスなど、ものづくり以外のアプリケーション事業による収益性強化や、地域軸や製品軸を確立している域外の自動車メーカーの買収や資本参加に力を入れてきたのである。

日本メーカーの場合は、重量級の開発主査に広範な権限を委譲するやり方から製品軸が中心とも考えられる。だが、実際には地域ごとに異なる商品名（場合によってはブランド名も異なる）を付けたり、地域別にエンジンやブレーキの仕様やサスペンションのフィーリングを変えたり、世代の異なる商品を同時にラインナップしたり、といったように地域軸の声の前に製品軸は比較的容易に妥協してきた。

これは、日本車が小規模の割には事業者が乱立している国内市場での勝負に限界を悟っており、当初から世界市場での勝負を意図して地域軸を磨き上げてきたからに他ならない。

しかし同時に、世界で勝負するためには、欧州メーカーとの比較においてはブランド・エクィティの薄さを補うために個別製品の品質での差別化や、ラインナップの多様性やモデルサイクルの短さといった製品軸の要件が高かった。北米メーカーとの競争上は、多品種少量生産となることの投資効率の面での不利を補う必要から、ムダを排除することで生産性を高めようというバリューチェーンの最適化は当初から不可欠の要件であったが、一九八〇年代に過剰設計・過剰品質が進んでコスト競争力が低下したことの反省から、九〇年代末以降、再び注目を集めている。

日本メーカーの地域軸への傾斜

この結果、日本メーカーでは三つの軸は相対的には地域軸がやや強いとはいえ、どれか一つが突出するのではなく、バランスを維持しながら発展してきたといえる。そして、現在の環境においては日本メーカーのバランス戦略、バランス経営が、結果的に最も時代に適合していたことが商品の競争力や高業績によって証明された。

だがそれは、たまたま適合していたに過ぎず、今後もこの形が最適だという保証はない。そもそもこの目的関数に最適解が存在するかどうかも疑わしいからだ。

しかしながら、日本メーカーは今後、地域軸を従来以上に強めることが予想される。海外生産が国内生産を上回るというのは一過性の出来事ではない。国内市場は縮小に向かっており、長期的には輸出が生産の中心になっていくだろう。また、国内では生産を維持するだけの人的リソースを確保することが一層難しくなってくるからだ。

したがって、好むと好まざるとにかかわらず、今後は地域軸を主体にして、地域で企画・設計から始まるすべての機能をもち、地域でのバリューチェーン最適化を追求し、個別の製品や商品ラインナップ全体の強みや整合性を強化しようというドライブが働くようになっていくに違いない。

つまり、これまで三つ巴だった三つの軸の勢力均衡が崩れ、日本メーカーの伝統的な勝利の方程式には当てはまらない状態が訪れることになる。

特に問題となるのは、地域軸を優先しすぎる結果、地域をまたいだ製品コンセプトの一貫性や商品体系の中での一貫性が崩れがちになることである。また、機能の重複や所要リソースの肥大化を招いて企業の健全性や収益性が低下する恐れもある。

こうした問題を回避もしくは最小化するためにいくつかの工夫が必要になる。第一に、トップマネジメントが製品軸やバリューチェーン軸でのあるべき姿を明確にし、それに固執する態度を強固にすること。第二に、製品軸、バリューチェーン軸での会議体や調整機関を意識的に強化すること。第三に、業績や人事考課にあたって製品軸やバリューチェーン軸への貢献を評価する仕組みを整えること。そして第四に、各地域のパフォーマンスを横串で並べて評価できるシステムを構築し、地域軸の独善独走を防ぎ、反省や改善を促す仕組みを組み込んでおくことである。

4 「投資しない」ことのリスク

2005.9.13

アイシン精機、豊頃試験場（北海道）の走行試験路に総合周回路を新設

生産年齢人口の減少が進む日本における人材確保の問題や、製造コストの安い新興国における設備増強の動きを考慮すると、今後は設備や研究開発に対して投資しないことへのリスクの高まりが懸念される。今や一般化した「投資のリスクマネジメント」だけでなく「投資しないことのリスクマネジメント」が日本の自動車業界にとって主要な課題となるだろう。

設備投資を行ってきた会社

設備投資への傾注

アイシン精機（アイシン・エィ・ダブリュやアドヴィックスなどを含むアイシン精機グループ）は積極的に設備投資を行ってきた会社の一つである。

同社の設備投資は売上高の九％である。主な競合先である愛知機械工業の売上高設備投資率は六％台で、カルソニックカンセイやケーヒンは五％前後に過ぎない。アイシン精機の売上高設備投資率は突出している。

設備投資を減価償却費で除した数値のことを筆者は「新増設比率[1]」と呼ぶが、アイシン精機の新増設比率は1.6である。愛知機械は1.3、カルソニックカンセイは1.4、ケーヒンは1.1にとどまる。アイシン精機が新増設に積極的であることがわかる。

製造業の投資対象は主に技術（R＆D）か機械（設備投資）の二つである。この二つのどちらにより傾斜しているかを示す指標が、「設備投資対研究開発費比率」である。

アイシン精機の設備投資対研究開発費比率は1.7に達する。カルソニックカンセイの設備投資対研究開発費比率は1.3、ケーヒンは1.1と、技術と機械にバランスよく投資しているのに対して、アイシン精機が設備投資に傾注していることがわかる。ちなみに、愛知機械工業はどうしたわけか研究開発費の名目での費用がほとんどなく（売上高の〇・〇三％）比較の対象にならない。

ちなみに、アイシン精機の「労働装備率[2]」は一一〇〇万円である。愛知機械の一八〇〇万円には及ばない（愛知機械の売上高設備投資率や新増設比率がアイシン精機より低めである理由の一つとも考えられる）が、カルソニックカンセイの七〇〇万円や、ケーヒンの五〇〇万円よりはるかに高く、競合上の理由だけからはここまで積極的に設備投資を行う理由は見当たらない。

R&Dへの皺寄せ

アイシン精機の研究開発費がもっと高くてもおかしくないという見方も多いのではないだろうか。同社の売上高研究開発費率は売上高の五%である。誤解のないように断っておくと、この数字は自動車部品サプライヤとして決して少ない数字ではない。

米格付機関ムーディーズ・インベスターズ・サービスは、世界の自動車部品産業主要五十四社の格付けを行っているが、そのうち三分の一しかない投資適格サプライヤの中央値（メディアン）であるBaa格の目安がちょうど、売上高研究開発費率五%である。つまり、アイシン精機のR&D投資は、グローバルに見て上位三分の一の水準を満たしているということになる。

だが、トヨタのハイブリッド戦略を支えるプラネタリーギアや、世界初のインテリジェント・パーキング・システムなどがアイシン精機グループの手にあることを考えると、同社のR&D投資が世界の上位三分の一どころか、本来、世界最高水準にあってもおかしくない。

また、設備投資とR&Dはいずれも将来の成長への投資という意味で同じ使命をもっている。規模の拡大（設備投資）で成長を目指すか、質の向上（R&D）で成長を目指すかのアプローチの違い

▼1 「新増設比率」が1以下の場合は、減価償却費内での設備投資、つまり更新投資にとどまるのに対して、1を超える場合は更新投資以上に設備の新設・増設を行っていると解釈できる。

▼2 労働装備率＝有形固定資産÷従業員数。「機械化の進捗度」を示す。

はあるが、最終的には規模ばかり大きくしても質の向上を伴わなければ未来はない。

そのことは筆者が指摘するまでもなくアイシン精機自身が一番わかっているはずだが、現時点では設備投資を優先させざるを得ない。売上の三分の二を占めるトヨタが世界的に増産増設を進めていることに付き合わざるを得ないからである。

トヨタ自身の売上高設備投資率は一〇％を超え、新増設比率は2.0、設備投資対研究開発費比率は2.6と、いずれもアイシン精機を上回る。トヨタグループ各社でも、豊田自動織機や愛三工業など、機械系のサプライヤはアイシン精機と同様かそれ以上の数値傾向を示している。電気系であるデンソーはR＆Dと設備投資がいずれも売上高の八％台と均衡しているが、均衡水準自体が高い。電気系の製品上の要件であり、利益率の高さゆえにできる業であろう。

技術開発戦略

その結果、アイシン精機には損益とキャッシュフローの負担がのしかかることになる。トヨタの営業利益率は九％だが、アイシン精機のそれは五％に過ぎない。フリーキャッシュフローは、今や多くの日本の自動車産業がそうであるように、アイシン精機もここ二期は赤字である。

このような状況で、設備と技術の二兎を追うことは容易ではない。まずは設備投資を優先させ、可能な範囲で効率的にR＆Dを進める、という技術開発戦略にならざるを得ない。その基本戦略を忠実に実行してきた結果が、前述の数値になって表れたものだと解釈できる。

設備投資を行ってこなかった会社

設備投資への消極性

アイシン精機とは逆に、スズキはこれまで設備投資に消極的だった会社である。同じ軽自動車メーカーであるダイハツ工業（以下、ダイハツ）と対比させながら考察していきたい。

ちなみに、スズキには二輪事業があるがダイハツは四輪専業で、売上高や総資産規模ではスズキ2：ダイハツ1の関係で、スズキは国内の約二倍を海外で販売しているが、ダイハツは国内の半分程度しか海外販売がないという事業構造面での違いがある。

一方、両社とも「労働装備率」が一二〇〇万円前後で、大型四社を除く業界八社（以下「業界」という場合はこの八社のこと）の中で下から二番目と三番目という「機械化の進捗度」の低さや、「売上高研究開発費率」がいずれも三％台の低位水準にあることでも共通している。

スズキの「売上高設備投資率」は五・八％で、マツダ、ホンダ、日産について低い。マツダ、日産は労働装備率で業界一位、二位と機械化の進んだ企業なので、実質的には下から二番目というべきかも知れない。一方、ダイハツの八・七％はトヨタに次いで第二位の高さである。

スズキの「新増設比率」は一・四で下から四番目だが、ダイハツは業界トップの二・〇である。「設備投資対研究開発費比率」でもスズキの一・四は下から四番目だが、ダイハツはトヨタに次ぐ第二位の高さである。

設備投資への積極性でスズキとダイハツは対極にあることがわかる。

設備投資戦略

スズキの場合も、単に設備投資を怠ってきたのではなく、明確な設備投資戦略のもとにあえてそうしてきたことがわかる。

「労働装備率」とは「機械化の進捗度」を示すと述べた。これに対して、「機械化した設備の利用度」を示すのが「有形固定資産回転率」[3]である。ダイハツの有形固定資産回転率は年間三回で業界では下から三番目に低いが、スズキは年間五回で業界第二位の高さを誇る。

その結果、労働装備率と有形固定資産回転率の積で表される「従業員一人当たりの売上高」では、スズキは一人当たり六〇〇〇万円と、軽自動車メーカーでありながらマツダ、トヨタ、ホンダに次ぐポジションを占める。これに対してダイハツは業界で最も低い四〇〇〇万円である。

つまり、設備投資によって「機械化の進捗度」を高めようとするのではなく、もっている「機械化設備の利用度」を高めることで「人の生産性」を高めようというのがスズキの設備投資戦略であると思われる。

経営戦略

生産性だけではない。設備投資の抑制によって収益性も高まるから経営戦略そのものともいえる。第一に、設備投資を抑制すると減価償却費も下がるので原価率が改善する。スズキの原価率（七三％）は業界で三番目に低いが、ダイハツ（七八％）は三番目に高い。

第二に、流動性や安定性が高まる。スズキはフリーキャッシュフロー（FCF）の額で業界トップであるばかりでなく、流動比率、固定比率、自己資本比率、負債自己資本比率、有利子負債対FCF比率など、企業の流動性や安定性を示す多くの指標で業界ナンバーワンである。これに対してダイハツは多くの指標で業界ワースト3に入る。この結果、スズキの総資産経常利益率（六・七％）は日産、トヨタ、ホンダに次ぐ高さを誇る。ダイハツは、順位的にはそれに次ぐもののスズキとの差は2ポイントあり、その格差は大きい。

投資しないことのリスクマネジメント

アイシン精機の場合は設備投資を優先せざるを得ず、R&D投資の抑制を余儀なくされることがリスクであった。規模拡大に追われる中で質の向上が追いつかなくなることや、自動車メーカー

▼3　有形固定資産回転率＝売上高÷有形固定資産。設備が売上にどれだけ貢献しているかを見る指標。稼働率が低いと数値が下がる。

との付き合いに追われる中で自動車メーカーに先行して独自技術の開発が疎かになることは、長期的には同社の存立基盤を危うくするものだからだ。

また、スズキの場合は保守的な設備投資に徹して、「機械の利用度」と「人の生産性」を高めてきたことが戦略が同社の収益性を支えてきたことは間違いないが、この戦略は今後二つの面でリスクに晒されると考えられる。

第一に生産年齢人口減少時代における人材確保のリスクであり、第二に製造コストの安い国々の設備増強のリスクである。特に後者の問題は、生産性や収益性の勝負という競争のルールを根底から覆し、スズキが得意とする新興市場において需要拡大分を一気に取り込まれる恐れがある。

このように、「投資しないことへのリスク」に対応するマネジメント力が問われる時代になった。アイシン精機は、「技術開発につながる設備投資」「重複を省いた設備投資」という路線で対応しようとしているものと思われる。

豊頃試験場への総合周回路新設は、立派な設備投資だが同時に技術開発でもある。「走る、曲がる、止まる」を担うサプライヤとして、それらに関する技術開発に必要なコースがそこに用意されている。そのコースとは、世界各地の道路のあるがままの姿を再現したもので、高速カーブにバンクをあえて付けず、路面はあえて整地せず経年劣化で不整化した状態を再現している。自動車メーカーですらもっていない「世界の普通の道路」なのである。

つまり、豊頃試験場の総合周回路は、自動車メーカーに先んじてユーザーニーズを汲み上げた独自技術の開発につながる設備投資であり、自動車メーカーとの重複を排除した設備投資になっているのだ。

また、そもそもがアイシン精機のような「走る、曲がる、止まる」という基本動作を担うサプライヤにとっては、そもそも設備投資を行い、そこで生産活動を行い、現場や顧客や市場のクレームを回収して蓄積すること自体が最大の技術開発の種だと考えることもできる。通常は二律背反的に捉えられる設備投資と技術開発を、高次元で両立させるという難しい課題に取り組んでいるといえよう。

一方、スズキの場合は、二〇〇五年からスタートした「中期五カ年計画」において設備投資戦略を一八〇度転換した。今後五年で総額一兆円の設備投資を行うことを発表したのである。毎年平均二〇〇〇億円の設備投資は従来の約二倍であり、売上高設備投資率では業界最大のトヨタ並の水準になる。

従来、「投資のリスクマネジメント」はあちこちで議論されてきた。リスク評価の尺度や手法は確立し、マネジメント手法も種々編み出されている。今後は、「投資しないことのリスクマネジメント」が主要な課題となってくることは間違いないが、こちらには正攻法がまだ開発されていないのが現状である。

当面は他社の事例を見ながら各社各様のアプローチを模索していくしかないと思われる。

5 耐用年数のある資産のΣ《シグマ》である「企業」が永続するには

2005.5.23

トヨタのロシア工場、ロボットなど自動化設備を極力排除

企業における資産は耐用年数に基づき減価償却され、どこかのタイミングで資産価値が消滅することになるが、それら資産の積み上げの結果である企業、法人には耐用年数がなく永続することが前提となっている。この一見、矛盾した事実を説明する鍵は「人財」にある。

企業が償却対象の資産を取得した後に、これをどのような形で経済的な実態に合わせて償却するかは、会計における期間損益を算出するという観点から一定の前提に基づく処理が必要である。二〇〇七年四月に実施された税制改正に基づき償却方法を、定率法から定額法へ、ないしはその逆の見直しを行った企業がすでに複数あるとの報道が伝えられた。

たとえばキヤノンは、新定率法が事業の現状に合うと判断の上、二〇〇七年四月以降の取得資産のみならず、既存資産にも定率法を適用した。製品寿命が短くなっていることを鑑みて、償

却速度を速めて変化への即応性を高める。この結果、同年九月中間期で営業利益へマイナス四〇三億円の効果があるという。

一方、富士通は定額法を適用した。主力のコンピュータシステム事業で長期契約中心の運用受託が増えているほか、需要動向が激しいメモリー事業の撤退で収益が安定した。償却期間を通じて一定の利益を得られるなら、償却という費用も期間を通じて均等に発生すると見たほうが理にかなう。定額への変更がより適切にビジネスの実態を表すとしている。結果、〇七年九月中間期には、営業利益で七十七億円の効果があるとのことだ。

このように償却方法を変更すると、会計上の利益が増減することがわかる。さらに、二〇〇八年度の税制改革に盛り込む改正案に、車製造設備の法定耐用年数を「九年」で一本化することが盛り込まれた。これまで、設備によっては三～二十五年とばらつきのあった耐用年数を、業種ごとに一本化することで、米韓などと比較して長かった従来の耐用年数を短縮し、「国際競争力を強化」する狙いがある。

償却期間が短くなると減価償却費を多く計上できるため、税務上の損金扱い可能額が増え、納税額が減少する。その結果、競争力が増すという原理である。

減価償却とは

そもそも減価償却とは、長期にわたって使用される予定の資産を取得した際に、当該資産を単純に取得した期の費用としてしまうと、取得期には大きな赤字が発生するものの、翌期からは黒字という計算になってしまうのはおかしいのではないか、というところからスタートしている。会計上、当該資産が使用できる期間にわたって費用配分する手法が導入される。これが減価償却である。

また償却方法とは、資産が使用できる期間にわたって費用配分する際の方法が償却方法である。具体的には、キヤノンや富士通の例のように、取得資産に一定の率を乗じて「減価償却費」とするやり方と、耐用年数にわたって均等に割り算した結果の数値を「減価償却費」とするやり方がある。▼1

法定耐用年数の見直し

法定耐用年数とは、そもそも税務・会計上の決まりごととして「特定の資産が将来何年にわたって使用可能か」という前提条件である。現実には、仮にある特定の資産が九年という耐用年数であっても、十年目以降も使用を続けるといったことはあり得る。

しかし、税務上・会計上はあくまでも「九年」が耐用年数となるわけだ。つまり、高付加価値産業に属する企業で利益を継続的に出すことができる場合は、耐用年数が短くなるほうが納税額が少なくなることから、競争力は増加する。

根本に立ち返って考えると、「資産」とは将来経済的な利益をもたらすもの、というのが大まかな定義である。たとえば、設備というものは永遠に経済的な利益を生むわけではない。経年劣化の結果、どこかで使い物にならなくなる。

また、仮に設備そのものは稼動しつづけたとしても、競合他社が新しい設備に基づく改良製品を生み出すことに成功した場合、今の設備が生み出す商品は売れなくなる。すなわち、将来的な利益を生む設備ではなくなってしまうのである。したがって、取得時に価値をゼロにする（すなわち全額費用計上するということ）わけでも、使えなくなった時点で価値をゼロにするわけでもなく、耐用年数にわたって償却するという手法がとられる。

ちなみに、償却対象の固定資産以外の資産の償却について考えると、次の二つがある。

▼1　あまり一般的ではないが、工場などが生産した財に応じて償却を行う「生産高比例法」なども存在する。

❶売掛金や棚卸資産などに代表される流動資産

これは、そもそも期間損益の前提である一年という単位を超える長期の資産ではないため、償却対象とはならない。しかし、償却と同様のコンセプトで、たとえば期末時点で当該資産が生み出す予定のキャッシュに合わせる形で、引当金を計上したり、低価法といった形で評価替えを行うなどの手続きが存在する。

❷土地

土壌汚染などの問題を考えると、使用に伴い当該価値が劣化していくという考え方もあるが、基本的には土地は経年劣化もしないし、競合他社が別のものを生み出すなどということはできない。よって、償却対象となっていない。

これら以外にも、投資や営業権などの資産は存在するが、いずれも将来のキャッシュに合わせる形で、継続的に若しくは何らかのトリガーをもとに、償却ないしは減価させる処理を行うことに変わりはない。

人財についてはどうだろうか

一方、人についてはそもそもオンバランスではないが、「企業は人なり」と言われるように、企業にとっての最大の資産は人材（人財）であることに間違いない。

特に日本においては、人財は費用計上でなく、資産計上されてもいいだろう。日本では、一人の人間が同じ会社で勤め上げるケースが欧米諸国と比べて極めて高い。こうした環境のもと、将来三十年にわたって「ヒト」が経済的便益を企業にもたらすような企業の場合、経済的実態から勘案しても、会計上、「ヒト」は費用計上ではなく、実質資産計上されてもいいはずだ。

すなわち、将来の給与テーブルがある程度、予測できる形で、三十年間雇用を続ける前提であれば、❶毎年支払う給与の額を費用計上するのではなく、❷耐用年数三十年の資産を分割払いで購入したのと同等の経理処理がなされてもおかしくないのだ。

「ヒト」が資産計上できないのは会計上、当たり前の話なので、これはあくまでもコンセプト上の話ではあるが、経営資源の最重要項目である「ヒト」について、会計上❷のような仕訳がなされて、個別

❶給与を費用計上する場合

借方		貸方	
人件費	10	現金*	10

＊退職給与引当金等の負債については、単純化のために考慮せず

❷人財を資産勘定する場合

借方		貸方	
人件費	10	現金	10
人財*	290	未払金	290

＊実際には、この人間が将来30年にわたって生み出すキャッシュフローの割引現在価値がここに計上されるはずであり、厳密には290とはならず、個々のヒトによってその額は異なるはず

の人財が将来もたらす経済的効果が定期的にレビューされ（具体的には今後三十年の耐用年数内に生み出すと予想されるキャッシュフローを現在価値に割り引くなど）既に計上されている資産価値と比較した上で「減損対象」とするのであれば、減損対象となった人財については安い価格で流動化が促されるといった効果もあるだろう。

とはいえ、従業員が単に会社に存在しているだけでは、耐用年数を三十年とした資産計上は不可能である。これはあくまでも個人的な感覚でしかないが、一従業員として考えて、自分自身という従業員が毎日単純に会社に来て、退社するということを繰り返して、言われたことだけを淡々とこなした場合、耐用年数はせいぜい一～二年、償却方法は定率となるだろう。

一方、日本的経営はかつてより終身雇用をベースとして耐用年数を三十年で固定しながら、現金の支出は高齢の人間に多く配分するという逆定率のような手法を用いてきた。

経年劣化という観点では、本来は定率法を適用することで、バリバリ働く世代により多くの費用（この場合は減価償却ではないので、現金が支払われるが）を充てるのが妥当かもしれない。しかし実際には、企業の中での英知が年配者に蓄積されていくことへの考慮に加え、将来にわたってモチベーションが保たれるようにすることを目的として、三十年逆定率の手法がとられている。

ただし、競合他社の人財によるイノベーションが発生した際には、このやり方だと機動性に欠けてしまう。

一従業員として考えると、いかに耐用年数を伸ばすような自己投資を継続できるか、経験と体系立った形での知識に基づく「収益力を向上するような投資」をしつこく継続できるかが、自分という人財を劣化させない方法である。

企業経営者の側から見ても同じく、個々の従業員に「どのように耐用年数を伸ばすような投資を継続するか」が大切なポイントとなる。しかし、特に大企業の場合、耐用年数を長く設定しつつ（三十年前提の終身雇用）、「ウチの論理」に従って個々人への投資を促すわけでもなく、会社内が仲良しクラブ化してしまった状態でスピードの速い世の中や競合他社と戦おうとしているケースも散見される。

耐用年数がある資産のΣ《シグマ》＝耐用年数がない企業の不思議

耐用年数という観点で考えると、土地以外の資産はすべて耐用年数、ないしはそれに近いコンセプトに基づき、どこかのタイミングで経済的な便益を生み出さなくなることが税務・会計上の前提となっているが、これらの資産を積み上げていった結果である企業は、永続することが前提となっている（ゴーイング・コンサーン）。

耐用年数の存在する資産のΣ《シグマ》である企業は、永続する＝耐用年数はない、というのも不思議な話なのだが、「継続企業の公準」といって、これは会計の大原則となっている。

これを成り立たせる前提を、筆者は前述の「人財」の連鎖に求めている。

壊れたり古くなったりする資産を用いて、いかに企業として永続的に収益を獲得していくかは、従業員の知恵を結晶化できて初めて可能になる。この場合の「従業員」というのは、二つの意味で一般的な従業員とは異なる。

一つは、毎日会社に来て帰っていくのではない、自ら成長することで耐用年数を伸ばす努力をする人財であること。そして二つめは、ある定点観測した際に存在している従業員ではなく、先輩から後輩へ、企業が持つ風土の中で培われ、伝達されていく「人財」のストックであることだ。

トヨタのロシア工場

日本車メーカー初のロシアでの完成車組み立て工場となるトヨタの新工場は、ラインオフ式を行い、二〇〇八年三月から量産に乗り出した。自動化ラインを導入せず、人の手によって「カムリ」を組み立てる「二十年前の自動車工場」（関係者）となるという。

また、工場内には溶接ロボットが一台もなく、ボディの組み立てラインの溶接工程はすべて溶接工が溶接機を持って作業にあたるという。ロボットの導入は、塗装ラインの上塗り工程以外は見送った。モノづくりの原点に立ち返り、ロシアではステップを一つずつクリアして長期的な視野で取り組み、人材を育て、「クルマ作りの厳しさと楽しさを知ってもらう」という。

また、ロボットなど自動化設備が不具合を起こした場合、部品交換に時間を要するなどのリスクを回避する狙いもある。

筆者は特に、「モノづくりの原点に立ち返り……長期的な視野で人材を育て……」の部分に注目している。

もちろん、ヒト作り以外にもロボット導入を見送った理由は複数存在するであろう。しかし、ロボットなどの設備を償却期間内でいかに効率的に配置しても、それを活用可能な人財のストックが存在しないと、企業は永続できないことをトヨタは十二分に認識している。

これを、外国でも実践する企業姿勢こそがトヨタの強みであると言っても過言ではないだろう。

6 国内自動車市場にこだわるべきか

2007.9.11

二〇〇六年の労働生産性、日本は四万四八七七ドルで十六位

①国民一人当たりGDPで示される労働生産性において日本の地位は相対的に低下してきている。GDPの約二割を占めるといわれている自動車産業には、輸出だけでなく国内市場を活性化させることにより、日本全体の生産性向上を担う役割が求められる、②自動車を保有し、自らの意思と力で自動車を動かすことによって安全で快適な人間生活が手に入る社会経済状況を維持していく必要がある、という二つの理由から自動車メーカーは国内自動車市場にこだわるべきである。

私どもの発行するメールマガジンの読者の一人から、投書箱に次のような意見を頂いた。

「御社のコラムを毎回拝読しています。内容についてはさまざまな感想を抱いていますが、ひとつ、素朴な疑問があります。それは、なぜ、この日本で、さらに車を売ろうとするような内容の記事、コ

ラムが多いのかということです。車とユーザー、社会との良好な関係を築くのが成熟した車社会であり、御社のような企業でも、そういった視点の提言が、もう少しあってもいいように思います。たとえば、私の住む地域では、すでに高齢ドライバーがかなり目立ち、一般道路を時速二十km程度で走るような車も少なくありません。また、危険な運転の高齢者も急増しています。車で出かけるたびにイライラするような状況です。おそらく、地域差はあっても似たような事態が進行しているでしょう。果たして、こういった現実を前に、車を売ることに視点を置いたコラムが、どこまで説得力があるのか疑問です（業界向けの内容だとしても）。」

実は投書箱においても、また筆者の友人たちとのコミュニケーションにおいても、私どものメールマガジンに関する不満や問題点として最も指摘が多いのが、「自動車業界側の立場に偏りすぎていないか」「環境や安全の両面から自動車依存度を下げようとする社会や時代の動きと逆行している」という批判である。

こうしたまっとうな批判に対して、一度私どもの考え方を整理して説明しておこう。

自動車から始める日本のイノベーション

私どもが国内自動車市場にこだわる第一の理由は、「自動車から始める日本のイノベーション」

という信念と大きな関わりがある。

子供を持つ一人の父親として、次世代の日本人にも、現在われわれが享受しているのと同じ、日本人としての豊かさと誇りを残してやりたいと思う。豊かさとは、まっとうな自助努力によって安全で快適な人間生活が手に入る社会経済状況のことであり、誇りとは、空港でパスポートを提示したときに犯罪者の疑いではなく信頼と尊敬の眼差しを向けてもらえる国際社会での位置づけのことだと筆者は定義している。

ところが、日本の総人口は二〇〇五年から、生産年齢人口だけを取れば一九九五年から減少の時代に入っており、豊かさと誇りを実感できるような社会経済状況と国際社会での位置づけを維持しようとすると、一人当たりの生産性を飛躍的に高める他ない。私どものシミュレーションでは、一人当たりの生産性を二〇〇〇年代初頭の七倍のスピードで向上させ続け、二〇五〇年には約二倍に高めない限り、その時点でのGDPは一人当たりでも総額でも減少している。ちなみに二〇五〇年とは遠い先の物語ではなく、いまを生きる日本人の半分近くが（その時点での生産年齢人口に依存しながら）生存している近未来のことである。

しかしながら、自動車ニュース&コラム二〇〇七年九月三日号によれば、実態は次のとおりである。

労働生産性、米国が六万三八八五ドルで首位。日本は四万四八七七ドルで十六位。国際労働機関（I

LO）による、二〇〇六年の一人当たりGDPでみた労働生産性調査。働き過ぎと語られる日本人だが、平均労働時間は一七八四時間で、米国の一八〇四時間、韓国の二三〇五時間などを下回った。労働時間当たりのGDPでみた生産性は二十五・一六ドルで十八位。首位はノルウェーの三十七・九九ドル、二位は米国。

為替（購買力平価）によるところやワーク・ライフ・バランスの考え方が浸透して労働時間が減っていることを割り引かなければならないにしても、一人当たりの生産性は相変わらず先進国の中では最低水準に低迷している。

しかも、これは流通・サービス業だけの問題ではない。一般に「日本の生産性は、自動車産業など製造業では高いが、流通・サービス業の生産性が低いために全体が押し下げられてり、後者を高めなければいけない」と言われる。

だが、今回のILOの調査結果を見ると、それが俗説であることがわかる。たしかに、日本の輸送・通信産業、卸売・小売（ホテル・飲食産業を含む）産業の労働生産性は、ベンチマークである米国との比較において、各々五〇％前後に低迷している。しかし、製造業の労働生産性も米国の六割弱に過ぎず、カナダにも及ばないのである。欧州各国の製造業の労働生産性との比較においても労働時間の少ないドイツを若干上回る程度であって、英仏蘭には及ばず、北欧諸国には惨敗の状況である。日本の製造業の労働生産性は、欧米諸国よりもむしろ韓国や台湾に近い水準である。

「自動車から始める日本のイノベーション」とは、日本の製造業におけるこの低迷状況をブレークスルーする役割を自動車産業に期待しているということに他ならない。

日本の全製造業の設備投資額はこの十年間に九〇〇〇億円増加したが、その六割の五四〇〇億円は自動車産業での増加によるものである。同じく全製造業の研究開発費もこの十年間で二兆二〇〇〇億円増加したが、その半分の一兆一〇〇〇億円は自動車産業での増加分である。

GDPの二割を占める基幹産業がイノベーションでもトップランナーとなって他の産業に波及効果をもたらし、結果として日本全体が生産性の高い産業社会構造になっていくことを期待し、それを支援していこうという私どもの姿勢を示したものが「自動車から始める日本のイノベーション」なのである。

なお、自動車ニュース&コラム二〇〇七年八月二十九日号によると、国の考え方は次のとおりである。

冬柴国交相、自動車関連諸税を引き下げる考えはない。税金を含めた自動車維持の経済的負担が、消費者による新車の買い控えを招いているとの見方について、「(自動車保有台数は)八〇〇〇万台でもういいのではないか。それをまだ面倒みるというのは限りがない」と述べた。

これは購入（買い換え）と保有を混同した議論であって同調できないが、それ以上に労働生産性は一人当たりGDPで示されるとおり、国内付加価値であるという点が重要である。この一人当たりGDPは輸出によっても増加するが、海外生産が進んでいる自動車産業において、輸出は今後それほど期待できない。私どもが国内自動車市場にこだわる理由の一つはそこにある。

基本的人権の実現手段としての自動車

国内自動車市場にこだわるもう一つの理由は、自動車が嗜好品ではなく必需品であること、また、違う表現を使えば「市民革命では得られなかった基本的人権を実現したのが産業革命がもたらしたパーソナル・モビリティ」だという点にある。

筆者は自動車ニュース&コラム二〇〇七年九月四日号に掲載された次の記事に注目した。

> 生活保護を受けている男性（七十）の「車通勤を認めて」、男性の支援グループ。生活保護の受給にあたっては原則として車の所有は認められていないが、（中略）柔軟な対応を求めた。

また、自動車ニュース&コラム二〇〇七年九月六日号の次の記事にも関心を持った。

北海道夕張市、救急車も老朽化で不具合。患者搬送中に高速道で立ち往生。（中略）救急車は、一九九六年購入で走行十二・四万㎞。エンジン交換が必要で、財政事情から修理代を含め四十七万円の中古エンジンに換装した。二〇〇〇年に購入した他の一台も、走行距離はすでに十三・五万㎞。札幌市消防局の基準（購入から六年または走行距離十二万㎞）なら、どちらも更新期を過ぎている。藤倉肇市長が六日朝、北海道庁を訪ね、「新車」の配備を陳情した。

二つの記事を通して筆者が感じたことは、「もう自動車はいらない」というのは、社会的強者である都市に住む健康な現役世代の人々の論理に過ぎないのではないかという問題意識である。

私どもが最近行った自動車保有ニーズの分析結果によると、自動車保有台数を増減する要因は都市と地方それぞれにあるが、両者に共通するのは「都市（人口集中地区）の人口密度が高まれば高まるほど自動車保有ニーズは低下し、都市の人口密度が下がれば下がるほど自動車保有ニーズは上昇する」という因果関係である。

そもそも日本の自動車保有台数が一貫して上昇してきた背景には、一九六〇年代以降、都市化が進み、都市の人口密度が一貫して低下してきたことに主因があると考えられる。

都市化の進行と都市の人口密度低下は二律背反のように聞こえるかもしれないが、実際にはそうではない。都市が求心力を持てば持つほど周辺の農村部から人口を吸収するが、都市中心部（旧市街地）には新市民を吸収する余地がないため、必然的に新市民は旧市街地の周辺に新市街地を形成して住むことになる。仮に旧市街地と新市街地の人口が同じで、新市街地の半径が旧市街地の二倍であったとしても新市街地の面積は旧市街地の四倍になり、都市全体の人口密度は半分に低下するのである。

都市経営の立場に立てば、人口密度の高い旧市街地にはバス、路面電車、地下鉄（水道管や電話線、電線も同様）を放射状にも管状にも網の目のように張り巡らせることが経済的に可能であり、映画館や商店街の立地も可能である。むしろそれが都市の人口吸引力を高める発端である。

しかし、人口密度が低い新市街地は、旧市街地に向かう放射状の交通インフラの整備で手一杯になる。その結果、農村部で生活が完結していた当時には徒歩と自転車で、旧市街地では公共交通インフラで十分なのに、新市街地では自家用車なしでは生活ができなくなる。これが日本のモータリゼーションを支えてきた構造的要因であった。

こうした動きは、引き続き県庁所在地で継続しているものの、昨今の日本国内では人口移動の新しい形態が生まれつつあり、それが自動車の保有ニーズや自動車産業の事業構造を変えつつある。

第一に、大都市圏中心部への人口集中である。これは都市における面積的拡大を伴わない都市化であり、人口密度を逆に増加させる都市化であるから、自動車の保有ニーズは低下する。こうした背景から二〇〇七年三月、東京都の保有台数が全国に先駆けて史上初めて減少に転じた。

第二に、県庁所在地以外の地方都市の空洞化、崩壊である。郊外型のショッピングセンターや大型の家電量販店、ファミレス、紳士服店などの進出により、従来、都市が持っていた魅力（商店街や映画館、バスターミナルの価値）が急速に薄れ、周辺人口を吸引するどころか旧市街地人口も周辺に流出しはじめ、都市が都市としての機能を果たさなくなるケースであり、人口密度の低下と逆都市化（都市崩壊）が同時に起きていることになる。

この第二のケースでは、人口密度の低下により自動車保有ニーズは一層高まるものの、事業者側では固定的なビジネス拠点の維持が難しくなることが問題である。地方都市の商店街のシャッターが降り、映画館が閉鎖され、バスターミナルが閑散としてしまう。それだけならまだしも、教育、医療、福祉、ライフラインなどの維持もままならない。夕張問題とは、このように都市空洞化により都市経営が困難になった一例に過ぎず、実は全国の地方都市の大半がその予備軍だと考えられる。私どもが国内自動車市場にこだわるもう一つの理由がそこにある。

途中で定義したように、「豊かさとは、まっとうな自助努力で安全で快適な人間生活が手に入る社会経済状況のこと」だと考えるが、教育・医療・交通・ライフラインなどの社会インフラの維持が困難になりつつある地方都市の住民にとって、自ら自動車を保有し、自らの意思と力で自動車を動かすという「まっとうな自助努力」によって、「安全で快適な人間生活が手に入る社会経済状況」が必要だと考える。

大都市住民や現役世代、健常者の視点だけで社会的効率を考えれば、たしかに自動車は不要なものになりつつあるのかもしれないし、自動車産業の事業効率の視点だけで判断すれば、他市場に比べてリターンの低い国内市場は淘汰されるべきなのかもしれない。

だが、自動車は基本的人権の実現手段という役割も担っている。それは地方都市で商店街や映画館がもっていた価値とは比較にならないほど重要なものだ。だからこそ、社会の側にも自動車に対する一定の配慮を望み、自動車産業に対しては、安易に国内市場を見捨てたり切り捨てたりせず、何とか知恵と汗を振りしぼって、国内ネットワークを維持していくことを望んでいるのである。

もちろん、そのために社会との良好な関係を損なってはならず、共生のあり方を考えていくべきことは読者の指摘のとおりである。

7 イノベーションの芽はどこにあるのか

2007.1.23

新型車の『短命化』、二〇〇六年の車名別ランキングでも際立つ

国内市場においては代替サイクルの長期化が進行しており、消費者に現在の代替サイクルを崩してでも買いたいと思わせる革新的な商品の投入が求められている。革新的な商品を開発するためのヒントは、既存商品、既存組織の「間」、言い換えると商品企画と組織設計の両面からのクロスオーバーにある。

二〇〇六年車名別新車販売ランキングより

日本自動車販売協会連合会（自販連）が発表した二〇〇六年の車名別新車販売ランキング（軽自動車を除く）のトップ3は「カローラ」「ヴィッツ」「フィット」で前年と変化がなかったが、三車種とも前年割れとなり国内市場の落ち込みを反映した。

一方、軽自動車の年間販売は、スズキの「ワゴンR」がダイハツの「ムーヴ」とともにカロー

ラの台数を大きく上回り、軽自動車人気を改めて印象づけた。また、日本自動車輸入組合が発表した輸入車の二〇〇六年車名別販売台数では、メルセデス・ベンツとＢＭＷの販売台数が好調であり、軽自動車と輸入高級車の二極化傾向が鮮明となっている。

そしてまた、新型車の「短命化」も顕著になってきていることもランキングから読み取れる。二〇〇五年二月と五月にそれぞれフルモデルチェンジした「ヴィッツ」と「ステップワゴン」が、早くも二桁のマイナスとなったほか、二〇〇四年の新モデルや新型車の中で、プラスとなったのは、スズキの「スイフト」だけだ。さらに、二〇〇三年のモデルチェンジ後も販売を伸ばしているのは、「プリウス」だけである。

新型車の短命化と消費者の代替サイクル

新型車の短命化の問題は、消費者の代替サイクルと密接に関連している。現在、自動車同様に一般消費者が数年おきに定期的に代替する商品として認識しているものとしては、携帯電話、パソコンなどが挙げられるだろう。携帯電話はバッテリがもたなくなるし、パソコンは数年経つと性能面で物足りなくなる、といったところが代替の理由になる。これらはいずれも国内で成熟している市場であり、基本的には代替中心のマーケットである。

共通の認識をされているこれらの商品は、消費者の代替サイクル、購買行動も類似している。

購入から数年たって代替の時期がくると、その時期に販売されている新商品の購入を真剣に検討しはじめる。代替サイクルの途中では、新商品に対するアンテナの感度は格段に鈍るし、広告などで知る機会があっても「ちょっといいな」と思ったくらいでは消費者自身の代替サイクルを崩さない。そうなると新商品を開発した企業にとって、実質的な購買候補は、数年前に購入してちょうどそのタイミングで代替を考えている層に限定されてしまう。

そして、そういった代替サイクルを堅持して消費者が行動しているとすると、代替のタイミングでどうせなら新しいものの中から選択しようという発想になる。これは携帯電話、パソコンにも共通する。むしろ自動車より顕著であり、実際、販売店には最新機種しか並んでいなかったりもするから、必然的にそうなる。

自動車メーカーとしては、かわるがわる順番にやってくる代替のタイミングを迎えた消費者をすべて取り逃がすまいと新車開発期間の短縮に努め、常に新商品がディーラーに並ぶように、次々と商品を市場に投入する。

消費者は基本的に新しい商品の中から選び、自動車メーカーからは頻繁に新車が市場投入されるわけだから、少し前のモデルは古臭く見えてしまい、当然、新型車の寿命は短命化する。

新型車の投入効果が薄れてきたことについて、消費者側の意識変化が問題として語られることも多いが、それだけでなく、メーカーの施策との相乗効果で、よりその傾向が強まってきたといえるだろう。

このように考えると、短命化の問題は消費者が現在の代替サイクルを堅持しようと考える限り続く。そして、そのサイクルはイノベーティブな商品でないと崩せないだろう。つまり、消費者にサイクルを崩してでも買いたいと思わせる、もしくは革新性ゆえに最新でなくても古臭く見えない商品である。

好例がテレビである。ブラウン管テレビの時代が続いていたとすれば、それほど故障するものでもないし、消費者の代替サイクルも長かったはずだ。しかし、薄型テレビの登場によりサイクルを崩してまで買いたいという人が増え、現在の好調な販売につながっている。「プリウス」の販売が二〇〇三年以降も伸びているというのも、商品のもつ革新性ゆえだろう。

改善型の商品では消費者はサイクルを崩さない。自動車の場合、壊れたら買い換えるといってもそれほど故障はしないし、「ちょっと待てばもっといい商品が出るかもしれない」という思考とも相まって、むしろ代替サイクルは長くなる傾向にある。

イノベーションは「間」に生まれる

しかし、そのイノベーティブな商品を生み出すというのが大変である。ここでは一つの切り口を提供したい。

自動車に限らず、今後、国内においては軽自動車と輸入高級車の二極化傾向に代表されるように、価格や品質で上下の関係にあるものは、格差社会の広がりとともに二分化傾向が強まり、長期的に見れば中間帯の商品の需要が減少してくるだろう。

しかし、横の関係にあるものについては、消費者のニーズの分散とも相まって、その中間的な需要が増えてくるだろう。そして、その「間」にこそ、イノベーションの芽が潜んでいるのである。

自動車業界の例を挙げると、「異なる種別の車を混ぜ合わせた」という広義の意味でのクロスオーバー車などはその典型であろう。一九九〇年代のビッグ3の好調を支えたセグメントにSUVがあるが、これも乗用車の走行性能とピックアップトラックの使い勝手とを「いいとこ取り」した、いわば両者の中間に位置づけられる商品である。

また、そのようにして生まれたSUVと高級車のさらに中間帯的な商品として、「レクサスRX」や「インフィニティFX」など、狭義の意味でのクロスオーバーSUV（CUV）が存在する。

また、自動車から少し視野を広げて、移動手段ということで考えた場合でも、中間帯に着目して、イノベーティブな商品を生み出した事例が見受けられる。

少し前の話になるが、自転車の気楽さとバイクの駆動力の中間帯に位置する電動自転車もそれに該当する。また、JR北海道で開発が進められているDMV（Dual Mode Vehicle）は、バスと電車の中間に位置する移動手段であるといえる。これらは実現技術の面からすれば正確に両者の中間ではないのかもしれないが、少なくとも消費者が感じる価値、便益から見ると中間に位置づけられる商品、サービスである。

また、トヨタは国内市場の低迷を受けて、二〇〇七年から国内市場を細かいセグメントに分けて、徹底的にマーケティングする特別チームを設置し、市場創造型の商品とは何か、五年、十年先を見据えて開発していくという。

ここで市場創造型の商品といっているのは、既存の商品の延長線上にあるものではなくて、やはり何らかの革新性をもつイノベーティブな商品のことを指しているのだろう。そして、市場創造ということを考えた場合には、「間」を探るということも効果的なアプローチの一つになるだろう。たとえば、電車、地下鉄といった公共輸送機関が発達した都心部においては駐車場の必要性などの経済的な観点から、自動車をあえて所有しない層が存在する。個人で保有する自動車と皆が利用する公共輸送機関の中間に位置するカーシェアリングなどの概念により、そういった層に対し、自動車使用時の便利さと非使用時における面倒の排除の両立を訴求できるかもしれない。

「間」への取り組み

これまで、セグメントおよび商品の中間を探ることを中心に述べてきたが、会社組織も「間」に注目して改編されることがある。今日の会社組織は効率化を追及するため、機能別、事業別に細分化されてきたが、専門分野が狭くなればなるほど、イノベーションは生まれづらくなる傾向にある。縦割りの弊害を排除した上で、横の連携を強化し、イノベーションを生み出しやすくするというのが組織改編の狙いとなる。

自動車業界外の事例を見ると、日経BP社が発表した二〇〇六年ヒット商品ランキング上位五十品目の中で、最も多い商品が選出されたパナソニック（旧松下電器産業）の場合、「ヒートポンプ式ななめドラム洗濯乾燥機」は洗濯機事業とエアコン事業との協業によって生まれ、「フィルターお掃除ロボットエアコン」はエアコン事業と掃除機事業との協業によって生まれた。そして、そこには縦割り組織の壁を壊して商品開発を進めようという組織的なバックアップが存在した。

米国の未来学者アルビン・トフラーは著書『富の未来』（講談社、山岡洋一訳、二〇〇六年）の中で、「画期的なイノベーションは専門分野の壁を越えた臨時チームによることが多い」「想像力や創造性が刺激されるのは、それまで無関係だった考えや概念、無関係だった分野のデータや情報、知識が新鮮な形で組み合わされるときである」と述べており、自動車業界でもそういった発想でイノベーションの芽を探すことができるのではないだろうか。

8 究極の差別化戦略とは

2007.1.30

ホンダの福井社長、環境技術戦略を語る

ホンダにおける車載電池のように、競争劣位な領域は積極的に外部調達に切り替え、サプライヤの参入、技術開発を促し、調達品をいわばコモディティ化することで、内製を進めてきた競合他社の戦力を無力化し、自社に有利な方向に競争の焦点をシフトさせるという発想も存在する。さまざまなリスクも伴うものの、技術開発における差別化の観点からは参考に値する。

自らはやらない領域を明らかにする

ある新聞社の取材に対するホンダの福井威夫社長の回答には驚いた。

トヨタはパナソニックと、日産は日本電気（ＮＥＣ）とそれぞれ共同で車載電池（リチウムイオン電池）を開発する予定だが、ホンダはどうするのかという問いに対して、「ホンダは電機メーカーからの

調達を継続する」と自社開発の意向がないことを明らかにした。

さらにトヨタ、日産、ＧＭが自社開発の意向を明らかにしているプラグイン・ハイブリッド車（家庭用コンセントから充電可能なハイブリッド車。以下、ＰＨＥＶ）についても、「プラグインは循環型エネルギーを実現させるための根本的な解決策にならない」と、実質的に自社開発の意思がないことを示唆したからである。

このように、自動車メーカーが、自らは取り組まない技術開発領域を明示することは異例である。通常は、将来の法規制、社会や経済環境、顧客の嗜好の変化や、競合の動きへの対応の余地を残すためにあらゆる可能性を追求するものである。

特に環境技術に関しては、世界的にカーボンニュートラルな代替燃料への関心が強まっていたり、ディーゼル車比率の高い欧州が燃費基準遵守を義務づける方向にあったりと、状況が不透明である。

さらに、米国は民主党の意向も汲んで労働組合や農業団体の支持もあるバイオエタノール燃料を推進しようとする一方で、ＰＨＥＶの技術開発を支援しようという動きも見せている。後者の背景には、ＰＬＣ（電力線通信）普及と同時に自動車を家庭用電源からの充電に依存させることで国家の民生関与と安全保障の強化につなげたいという米国のエネルギー・情報通信戦略もあるともいわれ、方向は定まっていない。

こうした状況を踏まえて、日産は「ニッサン・グリーン・プログラム二〇一〇」において、自社開発に取り組む製品として、超低燃費ガソリン車に加えて、クリーンディーゼル車、ＦＦＶ（エタノール含有率を問わないガソリン車）、ハイブリッド車およびＰＨＥＶ、燃料電池車、ＥＶ（電気自動車）を挙げており、既存の商品構成の中にＣＮＧ（天然ガス）車、ＬＰＧ車ももっている。

また、モータ、バッテリ、インバータなど電気を動力源（の一部または全部）に使用する際のキー部品や、燃料電池スタックも自社開発するとしている。

いわば、他社がやっていて自社にまだないものはないか、将来ニーズが出てきそうなものはないか、世界地図の中から空白地を見つけ出し、その白地図の完全な穴埋めをするに等しい壮大な技術開発戦略だと見ることができる。

そうした中でホンダだけがＰＨＥＶやリチウムイオン電池（現在、トヨタはハイブリッド車用二次電池としてニッケル水素電池を採用しているが、ＰＨＥＶ実現にはリチウムイオン電池への移行が不可欠だといわれている）の自社開発には取り組まない、と決断することはとても勇気のいることだし、それを外部に宣言することはさらに大きな胆力を必要とすることだ。

外部資源活用の効果

だが、自社開発をしないからといってホンダがＰＨＥＶを放棄するのかといえば、必ずしもそうとは言い切れないだろう。地域別組織をとる同社の場合、地域の顧客ニーズや法制度がＰＨＥ

Vを必要とするのであれば、商品体系に加えないわけにはいかないだろうし、福井社長のコメントも外部調達の可能性まで否定したものではなく、外部資源を活用すると言っているのである。

このように宣言することの効果は大きい。第一に、限られた内部の経営資源をホンダが取り組むべき領域に集中できることで、その部分での開発のスピードや水準が強化できる。第二に、社内の意思統一が図られ、全社方針と矛盾する研究開発テーマが自律的に修正されるから、工数、投資、キャッシュフローのムダがなくなり、コスト競争力や財務的な柔軟性が向上する。第三に、社外から安心して高性能な技術や高品質の製品が持ち込まれるようになり、本業以外の部分での競争力の向上も期待できる。

トヨタがいすゞと資本・業務提携した意味も同じ文脈で捉えることができる。トヨタとしては、ハイブリッド車やPHEV、燃料電池開発に社内の資源と意識を集中したいが、世界の業界リーダーとして代替燃料への適応性も高いディーゼル・エンジンというオプションと技術的知見を用意しないわけにはいかない。

したがって、少なくともディーゼル・エンジンの一部は、その技術とともに製品を外部から調達してくるという選択肢が合理的に導き出される。だが、それでは製品と技術の提供元であるいすゞの不信感を払拭できないであろうから、潔白の証として資本参加を行ったものだと考えられる。

日本一の体力と世界一の開発リソースをもつトヨタでさえ、こうした考え方をとっていることを考えると、日産も「ニッサン・グリーン・プログラム」のような全方位的開発戦略を遂行していくためにはかなり急速かつ膨大な資源の蓄積が要求されよう。

同社は、現在外部調達によって軽自動車を商品体系の中に加えていっているが、もしかするとそこで経営資源を一気に節約・貯蓄し、「グリーン・プログラム」遂行に備えようとしているのかもしれない。

コモディティ化戦略の目的

だが、自社開発を行わないと決断し、宣言することの裏にある戦略的な意図、より本質的な効果は前述にとどまらないのではないかとも思われる。それが「コモディティ化戦略」である。

「コモディティ化戦略」とは、自社開発以外の領域を意図的にコモディティ（汎用品）化させ、競争の焦点を自社開発領域に移行させる戦略のことである。ホンダのケースでは、リチウムイオン電池をコモディティ化させることになる。

世界販売四〇〇万台という規模と、環境技術に積極的に取り組んできたという評価によって影響力の大きい企業が「リチウムイオン電池の自社開発は行わない」と宣言することで世界のあちこちにサプライヤが現れ、過当競争により価格が急低下し、リチウムイオン電池がコモディティ化することが考えられる。ちょうど半導体や液晶などの分野で起きているような現象である。

それによってホンダは、仕入れ先の多角化、仕入れ交渉力とコスト競争力の強化ができる。それだけではなく、電池分野に投資を行ってきた競合他社の優位性を消失（逆に負の遺産化）させ、さらに競争の焦点を電池以外の部分に移行させることも場合によっては可能になる。その新たな競争の焦点がホンダが重点的に自社開発に取り組んできた分野であれば、ホンダはそこで先駆者利益を享受できることになる。

何かとてつもなく不気味で非現実的な推察をしているかのように思われるかもしれないが、このような事例は異業種において過去に何度も起きている。

・米マイクロソフトは、ＰＣというハードをコモディティ化させて、ＩＢＭと米アップルを駆逐しただけでなく、競争の焦点をＯＳに移行させることで先駆者となった。
・さらにマイクロソフトは、ブラウザをＯＳに無償で統合してコモディティ化し、米ネットスケープを駆逐し、競争の焦点であるＯＳでの優位性を強化した。
・日本では米ヤフーが、電話回線とモデムをコモディティ化してＮＴＴを駆逐し、競争の焦点をインターネット上のサービスに移行させて先駆者となった。
・ヤフーはさらにネットオークション・システムをコモディティ化して、世界最大の米イーベイの日本進出を失敗に終わらせた。
・そのマイクロソフトもヤフーも、新興の米グーグルにＯＳやネット上のＢ２Ｃサービス・ビジネスをコモディティ化され、競争の焦点はＢ２Ｂサービスに移行しつつある。

狙いどおりに「コモディティ化戦略」が成功すれば、競争の焦点は、他社が手掛けておらず自社だけが技術開発に取り組んできた領域に移るため、究極の差別化戦略となる。単なるアウトソーシング戦略とはレベルを異にするのである。

コモディティ化戦略のリスクとその解決

言うまでもないことだが、コモディティ化戦略にはリスクを伴う。

第一に、自社ではコモディティと位置づけた外部調達領域が、結局、競争の焦点となってしまった場合である。リチウムイオン電池の性能がクルマの性能を決めるという事態に陥ると、外部からしか調達できないことで競争力を喪失する恐れがある。

第二に、外部調達領域が期待どおりにコモディティ化しなかった場合である。リチウムイオン電池のサプライヤ数や供給力が思ったほど増えない、価格が思ったほど低下しない、といった場合、内部に安定的な供給ソースをもたないことが競争上の不利になる。

第三に、外部調達領域はコモディティ化したにもかかわらず、競争の焦点が自社開発領域とはまったく別のところに移行したり、自社開発領域もコモディティ化してしまった場合である。

ホンダのケースでは、自社開発領域を太陽電池としているが、電力価格が急激に下がった場合や、シャープなど他の太陽電池メーカーが普及品を大量供給するような事態になれば、自社開発のための投資や時間がムダになりかねない。もっとも、これはコモディティ化戦略固有のリスクではなく、いかなる技術開発戦略をとっても避けられないリスクである。

こうしたリスクを回避しようとすれば全方位型の開発戦略しかないことになるが、それには別の問題点があり、業界トップ企業にとってさえ容易でないことはすでに述べたとおりである。

となると、最良の選択肢は、経営者が考える未来の自動車社会像と、自社の開発戦略を内外に明らかにし、それに内在するリスクを承知した上でついてくる従業員やサプライヤ、投資家と一緒に仕事をしていくということだろう。ホンダの勇気あるチャレンジを賞賛するとともに、ぜひ他社もこれに続いてほしい。

仕事で成果を出すことにも自分を輝かせることにもアクティブなワーキングウーマン佐藤彩子が、オンとオフの切り替え方や日ごろ感じていることなどを素直につづっていきます。また、コンサルティング会社、総合商社での秘書やアシスタント業務を経て身につけたマナー、職場での円滑なコミュニケーション方法などもお話ししていくコーナーです。

願望や期待することを最大限に発揮する方法

よく、スポーツ選手は、本番前に、集中力を高めながら「成功している自分の姿」を思い描いていると聞きます。いわゆる「イメトレ（イメージトレーニング）」です。短距離走の選手が、スタート位置についた時に、理想的なスタートを切って一位でゴールに飛び込む姿をイメージしたり、野球選手がバッターボックスに入る前に、ホームランを打つことをイメージしたりすることです。こんなふうに、「イメトレ」は、「うまくできている姿」をイメージすることがポイントです。「失敗するかもしれない」とドキドキしながら本番に臨む選手よりも、実力を最大限に発揮できる可能性が高いのです。「イメトレ」は、スポーツ選手にとって、肉体的なトレーニングのほかに必要不可欠な精神的なトレーニングなんです。

私がよく行くスポーツクラブのプールに「プールサイドでは走らないこと！」と大きく書いてある注意書きが貼ってあります。プールでよく見る注意書きです。そこは、平日の昼間は、大人のほか、小学生の子どもたちもたくさん通っているプールなので、これは主に子ども向けの貼り紙だと思うのですが、「プールサイドは濡れていて滑りやすいので、走ると転び、危険だから走るな！」と、ケガを防止するための注意ですよね。でも私は、この貼り紙を見るたび、あまりよくない貼り紙だなと思っているんです。

人間の脳の構造上、「望ましくない行動」を否定して「望ましい行動」を作ってそれを言い聞かせると、最初に脳に入ってきた「望ましくない行動」のほうがイメージされ、それに行動が引きずられやすくなるという話を、以前、ある本で読んだことがあります。

つまり、この貼り紙を見ると、まず、プールサイドを「走っている」自分の姿を無意識にイメージし、その後、それを「否定形で打ち消す」というプロセスを踏んで理解をしてしまうんです。すると思考の焦点が、最初にイメージする「走っている姿」のほうにいってしまい、行動がそれに引きずられやすくなってしまうわけです。だから、この場合、「プールサイドでは歩きましょう!」にすれば、最初から「歩く」という「肯定」の動作を無意識にイメージさせることができ、プールサイドを走る子どもは減ると思うんです。

肯定的なことを最初からイメージするほうがよいという人間の脳の構造が本当なら、スポーツ選手の「イメトレ」のように、肯定的に「自分がうまくやれている姿」をイメージすることは、夢や願望を叶え、さらには人生を肯定的に生きる道筋を自ら作っていけるということの裏づけにもなると思うんです。

そして、夢や願望というような大きな目標に限らず、もっと身近で小さな目標を設定する時ですらこれを意識すると、効果に大きな違いが出てくると思うんです。たとえば、お客様との大事な商談の前に、「今日のお客様との商談では、どうか、緊張しませんように」と自分に言い聞かせるよりも、「スムーズに話せて、お客様によく理解してもらえますように」と言い聞かせるほうが、その時点ですでに、無意識のうちによい結果を導く方に気持ちが行っているような気がするのです。

これは、自分に言い聞かせる時だけではなく、さきほどのプールサイドの貼り紙のように、人に何かを期待する時などにも当てはまります。たとえば、これから車を運転する人に対して、「飛ばさないでよ!」と言葉をかけるよりは、「無事に帰ってきてね!」と声をかけるほうが、事故を起こす確率がうんと下がるような気がしませんか?

また、こんな場合にも応用できちゃうんですよ。多忙な彼に、時間を作ってデートをしてもらいたい時、「忙しそうだね。私と会う時間ない?」と聞くよりも、「忙しそうだね。私と会う時間ある?」と聞くほうが、「時間がある」というイメージが無意識のうちに植えつき、たとえ本当に時間がなくても、時間を作る努力をしてくれて、デートをしてもらえる方向に自然と話が進むんです。ちょっとした言葉の違いですが、でも、効果は大きいんですよ。

人に何かを期待するために言葉をかける時、何かの「否定形」で言うほうが強調されて頭に残ると思いがちですが、でも、実は逆効果で、ストレートに望みどおりのことを言ってその人の右脳に働きかけ、「肯定的なイメージ」を持ってもらったほうが、期待どおりの結果が得られるんです。「肯定的なイメージ」の威力は、絶大なんです。

自動車という製品はインテグラル（すり合わせ）型の製品アーキテクチャの代表選手と言われている。近年、業界全体での開発リソースの不足により、構成部品やプラットフォームの共通化が進展し、モジュラー（組み合わせ）型を複合した製品アーキテクチャの検討がなされるようになってきたが、依然として基本はインテグラル型の製品アーキテクチャであるといえよう。

しかし、社会が自動車にこれまで以上に安全、環境、快適といった要素を求めるようになったことで、電子化、テレマティクスなどこれまでの製品アーキテクチャに大きな影響を与える技術革新が急速に進展している。

加えて、モジュラー型の製品アーキテクチャの要素を多分に取り入れたタタ自動車の「ナノ」に代表される超低価格車が出現し、業界の注目を集めるなど、自動車は大きな変革期にある。

自動車産業における過去の歴史を振り返ると、GMしかり、トヨタしかり、これまで成功した企業はすべからく変革期をとらえてなんらかのイノベーションを引き起こしてリーダーになってきたという歴史がある。まさに、現在の状況においては、自動車メーカー各社が横並びを避け、独自の差別化要因を追及していくことが必要だろう。

また、これまで自動車業界においては、インテグラル型の製品アーキテクチャが内部完結型の組織や業務プロセスに向いていることから、技術、製品開発領域においても系列サプライヤを含めた広義の内製主義が主流であった。

だが、その結果として、技術、製品開発におけるイノベーションの欠如や生産性の低下、さらには、各社の開発目標や商品が横並びに陥るなどの弊害が生まれつつあるのも事実である。製品アーキテクチャに変化が起こりつつある状況においては、このような組織のありかたや仕事の進め方といったことも、大胆に見直す時期に来ているのではないだろうか。

自社の組織や仕事の進め方、各人の意識をよりオープンな形に見直すのはもちろんのこと、イノベーションは異文化の交流から生まれるということを踏まえると、業界内であれば、アライアンスやM&Aを活用することが有効であろうし、自動車業界の外部の存在である消費者や異業種企業の知恵や力を活用していくことも重要であろう。

しかしながら、これらの見直しは現場レベルの問題というよりも、経営レベルの問題であり経営判断が必要とされることである。そのため、現在の変革期において他社との横並びを避けイノベーションを引き起こすためには、まず経営者が率先して意識を変え、組織や仕事の進め方といった自社のあり方を見直す必要がある。

1 インテグラルとモジュラーの共生を考える

2007.4.24

ソニー、超薄型TV商品化

自動車は人生で二番目に高価な商品であり、人の命を預かるため完全性が要求される一方、外部ネットワークとの接続がさほど求められないため独立性を保ってきた。このような製品特性により、インテグラル（すり合わせ）型の製品アーキテクチャが維持されてきたが、昨今、製品特性自体に変化の兆しが見られ、インテグラル型とモジュラー（組み合わせ）型とを複合した製品アーキテクチャの検討が有益になってきた。

オープン・モジュラー世界との出会い

東京ビッグサイトで開催された最新の画像ディスプレイ展示会「第三回国際フラットパネル・ディスプレイ展（Display 2007）」に出かけてきた。話題のソニー27インチ有機ELテレビは、コントラスト比一〇〇万：一というだけあって、その画像はまさに鮮烈であった。同社からカーブアウトしたエフ・イー・テクノロジーが展示する電界放出型ディスプレイ（FED）も、CRTをベースにしたシンプルな作りだというのにその動画表示の精緻さに驚いた。同社の製品は、主に放送局などプロフェッショナルユースを意識しているというが、双葉電子工業はFEDの省電力性や視認性の高さに着目して車載を主用途の一つと想定しているらしく、インパネやコンビメータ内に置く小型ディスプレイを数々展示していた。

全体として、車載用の展示が少なかったことは残念だったが、薄型といえば家庭用TV、LCD（液晶）、FPD（フラットパネル）というのが定番だった世界から、対象市場・用途、発光・表示アプローチ、形状・大きさの面での進化や多様化を感じさせる有意義な展示会であったと思う。

だが、それにもかかわらず会場全体の視察を終えた後、何か納得のいかない複雑な思い、少し暗澹たる気持ちになった。電子業界の方には申し訳ないが、「日本のものづくりは本当にこれでいいのか」という問題意識に取り憑かれ、現時点でもその答えを見つけきれずにいる。それは会場全体を見渡した時点で直感し、実際に歩き回ってみて確信に至った思いである。

まず、メイン会場（厳密には「第三回国際フラットパネル・ディスプレイ展」と題した独立の展示会）には前述のような最新の技術開発成果（の一部もしくはダウングレード・バージョン）が展示されている。出展者の数は少なく、一社当たりかなり広いスペースを使っているので、華やかで堂々とした印象である。その派手な展示の傍らで開発に携わったと思われる技術者たちが説明のために立っている。説明そのものはあまり上手とはいえないが、開発者としての高い志や熱い思い、自分自身やチームの知識や経験、技術に対する愛着や信頼、時間・コスト・品質などの制約条件のもとで目標を達成するための禁欲的なプロセスがひしひしと伝わってくる。思わず頭を下げたくなる空間であった。

そのすぐ横は、厳密には別の（「第二回ＦＰＤ部品・材料ＥＸＰＯ」と題した）展示会で、メイン会場で見た最新ディスプレイ製品を構成する部材の展示コーナーである。メイン会場とはうって変わって、多くのサプライヤが小さなブースにぎっしり出展し、最新製品の内側に詰め込まれた技術要素はそこでもれなく機能的、構造的に分解し、整理されて公開されているという印象である。

会場をさらに奥に進むと、また別（「第十七回 FINETECH JAPAN［フラットパネルディスプレイ研究開発・製造技術展］」という名前）の設備装置の展示コーナーとなる。メイン会場の四倍以上のスペースにメイン会場出展者の三十倍程度の出展者が部材コーナーと同じ密度で入っている。メイン会場側に「検査・リペア・測定ゾーン」があり、通路を挟んだ向かい側が「製造装置ゾーン」である。最新ディスプレイの量産開発ラボ（実験・測定・解析）で必要とされるもの、量産工場で求められるもの一切合財が展示され、多様な選択肢すら用意されているという感想を持った。

オープン・モジュラー世界の脅威

筆者の感じたやりきれない思いとは、極論の誇りを恐れずに言えば、もし来場者がメイン会場で見た製品コンセプトに事業性を感じて、部材コーナーで必要なパーツを購入し、設備装置コーナーでラボ・工場設備を購入すれば、今日からでも最新製品のメーカーになることができる、必要なものは設備投資に必要な経営者のリーダーシップと資金力だけ、という製品アーキテクチャやものづくり体系に対する驚きと不安、そして恐れである。実際に来場者の相当数がアジア訛りの強い英語を話す人々であった。

このように例えれば、筆者の驚きをご理解いただけるのではないか。東京モーターショーのメイン会場に展示された最新のハイブリッド車が隣のコーナーで、まるでベンチマーク用の競合車のティアダウンのように、それを構成する部品が完全に分解されて販売されており、さらにその隣のコーナーでそれを組み立てるためのライン一式が販売されていて、そこに海外企業の経営者たちが群がっている光景である。メイン会場はただのショーケースの位置づけであり、ビジネスはそれ以外のコーナーにあるとすら感じられたのである。

不安や恐れの種はどこにあるかといえば、開発の先駆者たちの企画や構想、その実現のための知見、努力、時間、投資は、そのリターンを享受する前に一瞬にしてフォロワーにより模倣され、報いられることがないばかりか、しっぺ返しを食らう恐れがあるという点にある。

日本の経営者の多くは、優秀な営業や技術者が上り詰めた形であって帝王学の知識や経験が少ないサラリーマンだから、経営の意思決定のスピードや徹底という面では不利な立場にある。加えて、総合メーカーが多く、資金力という面では特定の事業に資金を集中しにくい上に、開発工程で長期間に多大な支出を強いられる構造の日本企業はやはり不利である。

設備さえあれば誰でもキャッチアップできる製品なら、価格勝負、コスト競争力の勝負になる。しかし、設備投資の規模が大きければ大きいほどコスト競争力が高まる産業だとしたら（電子業界は往々にしてそうである）、設備投資の段階で勝負が決する、きわめてリスクの高い戦いとなる。そして、リスクが高いから設備投資を見送り、製造は海外に委託しようという判断に陥りやすい。そうなると、海外企業がすぐにでも生産受託できるように、製品やインタフェースの構造をできるだけシンプルに設計して、業界標準的なものになるようにオープンにしていくという発想になる。

その結果、このような展示会形式や産業構造になって、また設備投資の段階で決まる価格競争に陥るという悪循環が生じているのだろう。

これが、「オープン・モジュラー」の世界なのか、と改めてその恐ろしさを痛感するとともに自動車はそれと無縁でいられるのか、いられないとしたらどのように付き合っていくべきか、ということを深く考えさせられた。

オープン・モジュラー世界を遠ざけていたもの

東京モーターショーの例で見たとおり、自動車の世界で同じような光景に出会うことはなかなかない。それは、自動車の製品アーキテクチャがモジュラー（組み合わせ）型とは対極のインテグラル（すり合わせ）型の代表選手であったことに起因する。

インテグラル型とは、特定の機能や性能を、特定の部品や構造物に、全面的かつ排他的に担わせるようなコンポーネントのくくり（モジュール）を作ることが困難で、くくられたコンポーネント同士をお互いに干渉や副作用なく自由につなぎ合わせること（インタフェース）も難しい類の製品の設計思想やものづくりの体系をいう。

たとえば、ハンドリング性能は、サスペンション、ブレーキ、ステアリング、タイヤ、ボディ重量とその配分、駆動レイアウトなど複数の部品やプロセスから構成され、逆にボディはデザイン性、衝突安全性、軽量性、操縦安定性など複数の機能を担う。ＰＣの処理スピードを上げるためにはクロック周波数の高いＣＰＵを取り付ければいいといったような、機能と構造の単純結合が成り立たないのである。

万が一、機能と構造の単純結合に成功し、特定の部品に特定の機能のすべてを独占的に落とし込んだとしても、インタフェース設計が各社ごと、車種ごと、場合によっては同一車種内でもバラバラなので、部品を集めてきてもつなぎ合わせて完成品にすることはできないし、無理につなぎ合わせたとしても市販レベルの性能・品質は発揮できない（自動車メーカー自身が完全な技術指導や部品供給のもとにＣＫＤキットのような形でライセンス生産を許諾するケースを除いて）。

だが、自動車がインテグラル型でありつづけてこられたのは、次の二つの基礎条件が備わっていたからだと考える。

第一に、自動車の未公開会社性である。自動車は人生で二番目に高価な商品であること、素人が操る機械の中で唯一、人の殺傷能力を持っているところに究極の商品特性がある。だから、ゼロデフェクト、源流問題解決による完全性の追求が製品要件になる。

家電製品やＰＣであれば、少々不具合があっても部品交換対応で顧客が納得しがちだ。せいぜい数万円～十数万円の初期投資であり、生死にかかわる事故になることも少ないからである。

また、メーカーの側でもゼロデフェクトレベルの品質管理にかけるコストよりも、クレームのつど、部品交換に応じたほうが安上がりである。だから、保証の範囲内であればルーティーンとして、メーカーの顧客相談窓口やサービス部門だけで問題が処理され、保証が切れていた場合は家電量販店が延長保証の範囲内で自己解決したり、メーカーの補修部品部門とのやり取りで解決してしまう。設計部門まで遡った源流問題解決が行われにくい構造になる。

これに対して、場合によっては年収の何倍にもあたる自動車に不良や不具合が見つかると顧客の信頼を失う上に、人の命に関わる事故の引き金にもなり得る。部品自体も高価で、事故の賠償やブランド資産喪失の損失まで考慮すると部品交換型の対応は経済的に見合わない。だから、不良率をＰＰＭ管理するどころか、ゼロデフェクトを自社にもサプライヤにも求める。その段階に到達するまでは商品を市場に投入しないし、万一、市場投入後に問題が起きたら、そのつど設計部門に報告され、真因分析を行って、随時、設計変更が検討される。つまり、完全性要件がより厳しいのである。

完全性要件の違いが自動車をオープン・モジュラーの世界から遠ざけることとどう関係してい

るかといえば、「自社の業務スコープは開発まで、製造は第三者に委託」という役割と責任分担が成り立ちにくく、自社製造を前提に自社が品質保証できる形でモノを設計することが基本になる点にある。自社製造する以上は、誰にでも作れる形に製品やインタフェースを設計する必然性はないから、インテグラル的になる。

ちょうど、上場会社と違って未公開会社の場合は監査やディスクロージャ（情報公開）をさほど意識する必要はなく、むしろ税務上の理由や銀行との関係性に応じて独自の財務諸表や管理体系を作りがちなことと似ている。

第二に、自動車の海洋国家性である。世の多くの工業製品は他の社会ネットワークから孤立した据え置き型の存在では存続が難しくなり、外界との接続によってモビリティと空間統合性を持たせることが重要になっている。

プリンタやコピー機は会社でも家庭でもＬＡＮとの接続性が求められるし、デジカメもゲーム機もＴＶもオーディオも、メディアカードやインターネットを通じた外部ネットワークとの接続性や外部空間との統合性が求められる。携帯電話やカード型乗車券には電子決済機能の装備が不可欠になった。

外界との接続性や統合性が商品力を決する製品要件となれば、外部ネットワークと共通の言語でのインタフェースをもつ必要がある。インタフェースが自社固有のものであっては接続性に限界があり、商品力の制約になるため、極力シンプルで業界標準的なインタフェースの採用が求められるのである。外界と共通のインタフェースをもった結果、製品相互の干渉や副作用が出てはまずいので、自己完結型の機能・構造設計にすることも求められる。

これに対して、自動車はそれ自体がモビリティをもっている。外部ネットワークとのコンタクトが必要なときには自ら動いていけばよい。また、住居と同様、そこが一つの完成された居住空間を構成しているから、その内部では空間統合性が要求されるものの、外部空間との統合性は求められない。

つまり、他の工業製品や自動車、社会インフラとの接続性や統合性はある意味でどうでもよく、したがって(ワイパー、バッテリ、タイヤなど一部を除いて)インタフェースの単純化や標準化が進まず、オープン・モジュラー化の動機づけがなかったのである。

欧州など大陸性国家が隣国とのトラブルに常に悩まされ、苦労して共通の価値基準や法体系を整備していったのと対照的に、日本や英国のような島国は固有性を保ったまま、自分の欲するときには欲するだけ海を渡っていったのと似たものがある。

オープン・モジュラー世界の進出

このような背景から、自動車はおおむねオープン・モジュラーの世界と無縁でありつづけてきたが、現実には次のように変化が訪れつつある。

第一に、自動車メーカーが自らの事情でモジュラー化を進めている。

・市場が求める多様性と企業が必要とする効率性を両立するために、アッパーボディは差別化・専用設計としながら、プラットフォームやパワートレイン、構成部品、生産工程は共通化しようという考え方が主流になってきた（社内完結のクローズド・モジュラー）。

・業界再編が進んで企業をまたがった形（ただし、主には資本系列内）での共同開発や成果の共有が進んできた（資本系列内でのセミ・クローズド・モジュラー）。

・安全性や環境性の要件に対応するために緻密な機能制御や新たなパワーシステムが必要になり、結果としてモジュラー型の電子・電気製品が多数入り込んできた（企業・資本を部分的に越えたインバウンド型セミ・オープン・モジュラー）。

・自動車メーカーの負荷が限界に達し、自らの権限や責任の一部を外部（主には系列のティア1サプライヤ）に移転せざるを得なくなってきた（アウトバウンド型セミ・オープン・モジュラー）。

第二に、製品の完全性要件に変化の兆しがあること。人の命を預かるという意味での完全性要件には変化はないものの、人生で二番目に高い高価な買い物としての完全性要件には変化が生じつつある。日本国内においても軽自動車が登録車需要を食い、登録車の中でもBセグメントが主流になってきている。自動車以外のところに消費者の関心や財布が向きつつあり、燃料の高騰や資源節約、環境保全の理由から、完全性と引き換えに高いコストを自動車に投じることを必ずしも望まない消費者が増えているのである。

これに加えて、世界的に見ると今後の自動車市場の成長は低所得国に依存することが明らかで、各社とも一〇〇万円以下の商品開発を急いでいる。五十万円の製品に完全性を要求することは難しいだろう。

第三に、外部との接続性や統合性は自動車においても重要になってきている。携帯電話やｉＰｏｄのように自動車以上にモビリティの高い製品が普及し、自動車側がそれらとの接続性や統合性を要求されはじめてきた。また、古くはＶＩＣＳ情報の取得、ここ数年ではＥＴＣの普及、最近では**G-Book mX**のようなテレマティクスの進化、今後数年では路車間・車車間通信によるＡＳＶ（先進安全自動車）実現のためのＩＴＳインフラ協調システムの導入などが背景にある。

このように自動車も、フル・オープンとまではいかなくとも、モジュラー型の製品やコンセプトが徐々に、しかし確実に浸透してきているのである。

オープン・モジュラー世界との共生

これまでオープン・モジュラーの世界の恐ろしさばかりを述べてきたが、実際にはオープン・モジュラーの世界にも利点、見習うべき点はある。

第一に、開発にかかる投資や工数を節減できることである。

実際、ソニーが現段階で量産可能な有機ELテレビは11インチのみで、話題の27インチはまだコストや生産性の面で量産計画が立っていないそうである。だからこそ、この段階で製品開発の方向性を明確に示し、それに賛同し、支援してくれる部材・設備メーカーを探すためにあえて公開に踏み切ったのだという。自動車にも部分的に応用可能な考え方だと思われる。

第二に、その結果として迅速かつ柔軟に商品の多様化やアップデートが可能になることである。新車効果が長持ちしなくなって久しいが、順列組み合わせ的にマイナーチェンジや特別仕様車の投入が可能になれば、そのつど市場に刺激を与えることができる。また、設計変更が必要になった際にも車両システム全体に影響を与えずに機動的にバージョンアップできるようになる。

第三に、クレームやリコールに対するリスクや責任負担が明確になることである。その結果、対応スピードが向上して顧客満足度が向上し、原因調査や対策にかかる負荷やコストを低減できる。

第四に、究極の後工程引き取り方式の実現に近づくことである。トヨタ生産方式は、顧客の注文を代表する販売計画に応じて「必要なときに、必要なものを、必要なだけ」供給し、在庫や作りすぎなどの七つのムダを省くものだが、バリューチェーンを突きつめると、ＰＣの世界でデルが実現しているようなＢＴＯ（Build To Order＝受注生産）になる。

自動車メーカーの多くは現在、ＣＲＰ（Continuous Replenishment Program＝連続自動補充方式）の進化形といわれるＣＰＦＲ（Collaborative Planning, Forecasting and Replenishment＝協同計画予測補充）方式によって、末端の受注、納車、在庫状況や過去の販売履歴を見ながら販売計画を立て、部品のオーダー・リードタイムや生産平準化、短期の予算達成など作り手側の要件も織り込んだ仕様や数量での見込み生産を行っている。顧客の求める仕様や数量を代表してはいるものの、顧客の求める仕様や数量そのものではない。

ＣＰＦＲ方式は、ＢＴＯのような完全なプル型ではなく、プッシュ型の要素を多分にもっている。その背景には作り手側の柔軟性や迅速性にまだ課題を残しているためだが、オープン・モジュラーはその課題解決にかなり寄与するはずである。

では、そのような利点と脅威をもつモジュラー型ものづくりとどのように付き合っていくべきだろうか。完全なオープン・モジュラーは脅威となるが、部分的なオープン・モジュラーの考え方は共生可能であり、むしろうまく活用していくべきであろう。

部分的なオープン・モジュラーには四つの類型があると思われる。

❶オープンの範囲（共同開発グループ）を限定する。
❷車両システムの一部だけをオープン・モジュラー型の設計とする。
❸製品設計はインテグラル型とするが、インタフェース設計はオープン・モジュラー型とする。
❹製品設計はオープン・モジュラー型とするが、インタフェース設計はインテグラル型とする。

「オープン・モジュラー世界の進出」のところで述べたような自動車メーカー自身が進める社内完結型または資本系列内でのクローズド・モジュラーは右記の❶または❷に該当する。

インバウンド型セミ・オープン・モジュラーの場合、電子製品の開発には、合弁会社を作って実質的には自社グループに取り込んでいること（パナソニックEVエナジーなど）、アウトバウンド型セミ・オープン・モジュラーの場合も、権限委譲先が主要な系列サプライヤであることを見ると、[1]やはり❶の形態だと考えられる。

したがって、❶や❷の形態での部分的なオープン・モジュラー化は実現可能であり、すでに実績があるわけだから、この方式の一層の追求がオープン・モジュラー世界との共生の一つのあり方であろう。

❸の類型にはアイシン・エイ・アブリュのAT、❹の類型にはアスモのモータに実例を見ることができる。

前者は現在、オープン・モジュラー型ものづくりの代表国である中国で引きも切らない商品となっている。ハイブリッド・システムも一部外販されているのでこの形態に近いし、いすゞのエ

▼1　トヨタはアドヴィクスへの出資比率を引き下げ、ブレーキシステムの開発は同社に任せる方針を示したが同時に同社をグループの中核であるアイシン精機の子会社とした。

ンジンもそうだろう。

後者は、クルマのありとあらゆる場所でさまざまな用途として使われるのでインタフェースは個別設計となるが、中身の構造や基本機能はおおむね標準化、共通化されており、組み合わせ型のカスタマイズが可能なようである。

つまり、❸や❹のような、製品とインタフェースを逆の製品アーキテクチャとする形態での部分的なオープン・モジュラー化も可能であることが実証されている。加えて面白い調査結果が報告されている。オープン・モジュラー型世界との共生の重要なあり方として検討の価値がありそうだ。

東京大学ものづくり経営研究センター長の藤本隆宏教授は、「自動車部品産業における取引パターンの発展と変容」の中で、自動車部品を「内的相互依存性」「外的相互依存性」という軸で分類し、そのマトリクスを用いてどのような製品アーキテクチャとビジネスモデルの営業利益率が最も高い傾向にあるかを分析している。

「内的相互依存性」とは製品設計がインテグラル型であることを意味し、「外的相互依存性」とはインタフェース設計がインテグラル型であることを示すものと思われる。

結論としては、製品設計とインタフェース設計を真逆にした場合、つまり❸または❹の形（モジュラー×インテグラル型）での部分的オープン・モジュラーの営業利益率が最も高いとのことである。

原因として同教授が挙げているのは、「顧客の細かな要求に合わせてすり合わせを行うタイプの部品の場合、（中略）都度自社製品の設計をすり合わせていると、（中略）生産規模が限定されて儲からなくなるが、自社製品の設計を組み合わせで行うことができれば、（中略）量産効果が生じて儲かりやすくなる」、「顧客の要求に合わせてすり合わせを行わなくてもよいタイプの場合、自社製品の設計がモジュラー的だと、自動車メーカーから見てコスト構造が丸見えになるためあまり儲からなくなるが、自社製品の設計がインテグラル的だと、（中略）ブラックボックス的な部分が増えるために儲かりやすくなる」という仮説である。

オープン・モジュラーとの共生のあり方として、非常に面白い考察だ。

オープン・モジュラー世界側の課題

一方で、オープン・モジュラー世界の業界側でも自動車のインテグラル世界との接触や関与を高めることを検討すべきだろう。

素材メーカーや電子・電機メーカーの声を総合すると、長期安定的な取引が望め、高水準とはいえないものの収益性のブレが少ない自動車産業への新規参入に興味はある。しかし、取引を開始するまでに時間がかかり、自動車メーカーの力も強く、裁量の範囲は狭い。その上、性能保証の条件や品質管理の責任の負担が大きい割に、リターンが小さい。そのために躊躇する企業も多いようだ。実際に、家電メーカーの中には車載部門の縮小や撤退を考える企業もある。

だが、自動車ビジネスが厳しいからこそ参入の価値があるともいえる。藤本教授は「製品アーキテクチャの概念・測定・戦略に関するノート」の中で、自転車用変速機のシマノの事例を次のように紹介している。ちなみに自転車そのものはオープン・モジュラー型製品だが、シマノの変速機はインテグラル型製品である。非常に示唆に富んでいるので、そのまま引用したい。

「シマノは、確かに、多段式のギアコンポーネントに集中し、そこで業界標準を取ることにより、『自転車のインテル』のような『アーキテクチャの位置取り』を実現している。ところが、そのシマノが、実は冷間鍛造の自動車部品も少しだけ生産している。シマノの自動車ビジネスは、予想通り『中インテグラル・外インテグラル』型であり、あまり儲かっていないという。しかし、同社によれば、自動車部品を納入し、厳しい自動車企業の要求に応えることによって、モノ作り能力が非常に鍛えられる。そこで鍛えた技術が自転車部品に転用され、自転車ビジネスの競争優位を支える。このため、あえて利益の薄い自動車部品ビジネスにも少しだけ参入しているという。」

つまり、自動車のインテグラル世界の知識や経験を蓄積したからこそ、オープン・モジュラー型の自転車業界にあってインテグラル型のものづくり、価格競争に巻き込まれない独自のポジショニング確保、高収益事業の構築に成功したということだと思われる。自動車産業に忌避感を持つ異業種企業にぜひ聞いてもらいたいメッセージである。

2　時代を創り、ブランドを創る

トヨタ、ハイブリッド車の利幅を二〇一〇年代の早い時期にガソリン車と同等に

2007.5.15

トヨタにおけるハイブリッド車のように、競争上のある要素で先行するトップメーカーに対し、下位メーカーが後追いをしたとしても、勝算は薄い。そのため、横並びを避け、独自の差別化要件を追求するべきである。過去の自動車産業史を見ても、横並びからの脱却が歴史を塗り替えてきており、また横並びからの脱却は堅固なブランド創出にも貢献する。

ハイブリッド車の標準化がもたらすもの

トヨタの瀧本副社長は、通信社とのインタビューの中で、現在、主流の燃料であるガソリンや軽油について、中国やインドといった新興国での自動車普及に伴って価格がさらに上昇し、二〇三〇年頃には自動車燃料に適さなくなる可能性があるとの危機感を示し、「これに間に合わせ

るために、二〇二〇年頃には（ハイブリッド技術を）一〇〇％標準にしたい」と述べた。

トヨタは、二〇一〇年代の早い時期にハイブリッド車を世界で年一〇〇万台販売する計画を打ち出しており、二〇〇六年度の決算発表で公表された年間の販売台数八二四万台でいうと、一二％にも相当する数字である。

また、瀧本副社長は、足元でも利益は出ているが、さらにコストを下げて利益を確保する必要があるとして二〇一〇年代の早い時期にハイブリッド車の利幅をガソリン車と同等にしたいとの考えを述べている。

このインタビュー結果からは、二〇〇七年、大きく先行しているハイブリッド車分野に今後一層トヨタが注力していくという姿勢がうかがえる。また、競合他社が今後の技術戦略を考える上でも大きな影響を与えるものであるように思う。

なぜなら、現在はまだガソリン車よりも数十万円程度高価で、消費者の関心こそ集めているものの特別なクルマであるハイブリッド車が、二〇一〇年代前半～二〇年にかけて標準のクルマになっていくということを意味するものだからだ。その過程においては価格もガソリン車に近づいていくだろう。

ガソリン車と同等の価格、条件になれば消費者は当然、燃費のいいハイブリッド車を選択することになり、そういったきわめて合理的な消費者の判断を覆すためには、燃費性能以外でよほど消費者を引きつける商品の魅力がなければならないことになる。

横並びからの脱却の必要性

ハイブリッド車の技術で先行し、利幅をガソリン車と同等にすることを目指すトヨタに対し、競合他社は生産コストなどの面で追いつければよいが、そうでなければハイブリッド車が標準化するタイミングで、シェアを減らすか身を削って利益を減らすかという状況に直面せざるを得なくなる。

トヨタが先行した年月、および今後投入するであろう開発リソースの質量を考えると、これから追いつくことはなかなか難しく、このような状況で、後追い主義、横並び主義をとるのは非常に危険な選択肢だと思われる。

そもそも、動力機関自体の変革というのは自動車始まって以来の技術革新であり、ハイブリッド車が標準化するXデーまでにどのような技術開発を行っていくべきかという点においては、各社とも非常に高度な戦略性が求められることになるだろう。

このような状況を踏まえ、各社とも横並びではない選択をしているように見受けられる。たとえば、日産、三菱自動車は電気自動車に注力するという姿勢を明確にしている。

電気自動車は次世代の環境車候補の一つであるが、今後の普及を考える上では二次電池の性能と費用が課題となっており、先日発表された三菱自動車、三菱商事、GSユアサによる大型リチウムイオン電池製造会社の設立も二次電池の技術力強化が目的と思われる。

二次電池の技術は、ハイブリッド車の二次電池を家庭用コンセントから充電できるようにし、二次電池の搭載量を増やして、短距離移動であれば電気自動車としても走行可能なプラグイン・ハイブリッド車にも応用可能なコア技術だ。日産もＮＥＣ、ＮＥＣトーキンとともにリチウムイオン電池の供給を行う会社を設立している。

自動車産業史は横並び脱却の歴史

ここで少し視点を変え、これまでの一〇〇年強の自動車産業の歴史を主戦場であった北米中心に振り返ると、横並びからの脱却が産業史の新たな局面を切り開いてきたことがわかる。

一九〇八年、まだ米国にて五〇〇社程度のメーカーが富裕層向けに自動車を注文生産していた時代に、フォードは「Ｔ型フォード」を大衆市場向けに売り出した。色は黒のみ、型式も一種類だけだったが、信頼性と耐久性に優れ、修理も容易であり、何より多くの大衆にとって手の届く値段設定であった。そして、その価格設定は、製品の標準化をどこまでも追求し、専門化と分業を徹底した生産ラインというビジネスモデルに裏づけられていた。

その後、自動車が家庭の必需品になった一九二〇年代にＧＭは、機能を重視して色と型式を絞り込むというフォードの戦略とは対照的に、快適性やファッション性を重視した、乗っていて楽しい自動車というコンセプトを打ち出す。顧客ニーズ、セグメントに合わせたさまざまな型式の自動車を生産し、その色とスタイルを年ごとに一新させることで、消費者の新たな支持を得ることに成功する。

このGMの戦略にはフォード、クライスラーも追随し、ビッグ3の時代が長く続いたのち、今度は一九七〇年代に日本車メーカーが新たな時代を切り開く。オイルショックによる追い風もあり、小型で品質が良く、燃費の面でも優れている日本車は、大型車、高級車を偏重するビッグ3を尻目に消費者の大きな支持を得た。

続いて一九八四年に、クライスラーが乗用車とバンの垣根を壊すミニバンという商品セグメントを開発し、家族全員が乗れ、その他必要品を積み込むことが可能で、しかも運転しやすい、というコンセプトで消費者を魅了することになる。そして、ミニバンでの成功は九〇年代のSUVブームへと引き継がれることになる。

そして二〇〇〇年以降から現在に至るまで、将来的な石油資源の枯渇、環境意識の高まりを受け、再び日本車が攻勢をかける。品質が良く燃費の良い日本車が市場でも再び人気を博し、トヨタが投入したハイブリッド車はその流れの牽引役、象徴ともなっている。

こうして自動車産業史を振り返ってみると、誰かが横並びから意識的もしくは無意識的に脱却し、消費者に新しい価値を訴求することが、産業における競争のルールの変更を促し、産業史に新たな時代をもたらすということが繰り返されているのがわかる。

さきほど横並びを避けるとしていたのは、あくまでも環境性能を向上させる手段においての横並びの話であったが、将来のことを広い視野で考えた場合、環境性能以外の部分を新たな価値として訴求するという選択肢を模索する企業も当然出てくるだろう。

特に、現在、環境性能を必死でキャッチアップしているものの、いまだ苦境に立たされているビッグ3などは、環境面での出遅れを帳消しにするような消費者への新たな価値訴求、およびそれに伴う競争のルール変化のチャンスを虎視眈々と狙っているようにも見える。

横並び脱却はブランド創出にもつながる

いずれにせよ、現在ハイブリッド車で先行するトヨタも、元々は他人と違うことをやりはじめたことが現在の優位性につながった。

そう考えると、環境性能を向上する手段であれ、もっと広い視点のものであれ、やはり勇気と決断力をもって他者と違うことに取り組んでいくことが新しい時代を切り開いていくことにつながっていくものと思われる。

また、現在の自動車業界においては、技術開発同様にブランドも重要とされ、フロントグリルを統一化したり、一貫したメッセージを消費者に伝えつづけるといったブランドマネジメントの議論も盛んである。

元々、ブランドの語源は、「brandr（焼きつける）」という古代スカンジナビア語にあり、焼印は古来、自分の所有する牛と他人の所有する牛の「違いを識別する」ために使われてきたという。

そう考えると、横並びを避け、他社と違うことに取り組んでいくことが、消費者の「あの企業は他とは違う」という意識につながり、堅固なブランドの創出にも何より貢献していくのではないだろうか。

3 超低価格車がもたらす構造変革への備え

タタ自動車、超低価格車を開発

2007.9.17

インドのタタ自動車が開発を進める、小売価格三十万円前後の超低価格車が業界の注目を集めている。超低価格車の新規参入への備えとしては、自らも革新的にコスト競争力を高めて新規参入の余地を狭めておくアプローチと、ブランド力を高めて価格競争と無縁どころか高価格帯の空洞化を機会として取り込むアプローチの二つが考えられる。

Automotive News は、欧州版（二〇〇七年九月十四日号）、北米版（同二十四日号）双方で低価格車関連の話題を一面トップで取り上げている。

低価格車に関しては、私どもも注目してきたが、本章では低価格車が脚光を浴びている現状をマーケティング理論をもとに整理するとともに、究極の低価格車である「超低価格車」が実現した場合、自動車業界にどのような構造変革が起きるかを考察し、それに対して自動車産業はどのような備えをしておくべきかを提言する。

低価格車の定義と経緯

議論の前提として低価格車とは何なのか、どうして今低価格車なのか、いま一度おさらいしておきたい。

低価格車の開祖は、二〇〇四年にルノーがルーマニアの子会社を通じてスターティング・プライス七二〇〇ドルで生産、販売を開始したダチア・ロガン（南米ではルノーブランド）といわれる。ロガンの低コストは、東欧の安い労務費に加えて、既存のプラットフォーム（日産ルノーのBプラットフォーム）や部品（大半はルノーの既販車のもの）を流用することで開発費を抑えるとともに、車型を当初はセダンのみとすることで金型代も最小限に抑え、旧国営工場の生産設備（ただし、元々ルノー車をライセンス生産していたので共通性があった）を活用し、減価償却費を圧縮することで実現した。ロガンは当初、西欧に比べて所得の低い東欧や南米向けの戦略車として開発されたと考えられるが、その後の世界情勢や社会経済環境の変化によって、世界戦略車としての意味合いを増してきた。

第一に、ＢＲＩＣｓ戦略車としての意味合いである。当初からブラジル、ロシアはターゲット市場だった。だが二〇〇四年に、高所得者層への高額車普及が一段落した中国の第二次市場拡大、二輪車からの買い替え需要が急速に膨らんできたインドのモータリゼーションの機会に乗じるための武器としての価値が加わった。

第二に、先進国の環境規制対応やシティコミュータとしての意味合いである。欧州では二〇一二年に走行距離一km当たりのCO_2排出量を一三〇gまで企業単位で抑制しなければならないことが決定し、燃料電池、ハイブリッドやクリーンディーゼルが重要な検討課題となったが、いずれも価格との見合いで消費者に選択されなければ企業平均値は低下しない。現在、西欧で約一万ドルの値づけになっているロガンの販売は好調である。

さらに、ガソリン価格の高騰により、米国でも燃費の悪い大型車の販売が不振に陥り、低価格で燃費のいい小型車へのシフトやディーゼル・エンジンの見直しが進んでいる。「軽高登低」の日本でも低価格車に注目が集まっており、日産が、提携関係をもつインド企業からの超低価格車の国内導入を慎重に検討中であることが報じられている。

こうなると、主要自動車メーカーも世界戦略車としての『ロガン・キラー』開発を検討せざるを得なくなってくる。

フォードは、ダチアと同じルーマニアにあった大宇の工場を買収し、小型車の生産を集約すると発表した（そこで低価格車が生産されるかどうかは不明だが）。北米の不振により海外市場への依存度を高めるＧＭも、低価格車を注視しているとコメントしている。

ＶＷは、フランクフルト・モーターショーで低価格車のコンセプトカー「Ｕｐ」を発表した。今後三十カ月以内に、欧州、アジアに加えて北米でも発売予定で、価格は新興国で七〇〇〇～一万ドル、欧州ではＥＳＣやエアバッグを追加して一万一〇〇〇ドル台になる見込みだという。

トヨタも、フランクフルトで「ＥＦＣ（Entry Family Car）」のコードネームで呼ばれる、想定小売価格約七〇〇〇ドルのコンセプトカー「ＩＱ」を発表した。二〇〇九年一月に量産開始予定とされる。

そして今、世界で最も高い関心を集めているのが、インド最大の財閥タタ・グループによる超低価格車開発計画である。二〇〇八年秋頃に市場への投入が予想される同社の超低価格車は、小売価格十万ルピー（二五〇〇ドル）と同社自身が発表している。もはや自動車ではなく、二輪車並みの価格帯だが、同社の想定顧客はやはり二輪車（小売価格一四〇〇ドル）もしくは三輪車（同一九〇〇ドル）からの乗り換えとなる自動車初心者だという。

低価格車のマーケティング論的整理

小売業界には「小売の輪の理論」という、小売業態の歴史的変遷を説明する仮説（Ｍ・Ｐ・マクネア）がある。また、その発展形として「真空地帯理論」という学説（Ｏ・ニールセン）もある。

「小売の輪」とは、「小売業態には次の❶〜❸の現象があり、輪が次々に出現するように同じ現象が繰り返されて一つの輪のように見える」構造が存在するという理論である。

❶サービスを極小化させる技術で低コスト化を実現し、コスト競争力に裏づけられた低価格を武器として、空白の低コスト・低価格領域に進出しようとする新規参入者が現れる。

❷低コスト・低価格経営が成功すると、多くの事業者がそれを模倣して追随しはじめ、徐々に過当競争になっていく。ただし、元々が低価格なので競争は価格引き下げではなく、サービス(品揃えの多様性や店舗の高級感など)充実の方向に展開されていく。

❸その結果、各事業者とも徐々に高コスト・高価格体質に移行していき、低コスト・低価格領域に再び「空白」が生まれてくる。

かつてデパートや専門店を凌駕したダイエーの紳士婦人服売場がユニクロやしまむらに、雑貨売場がドンキホーテに、食堂街がバーミヤンやサイゼリヤに取って代わられたのは「小売の輪」のサンプルといえる。

一方の「真空地帯理論」とは、「空白」が低コスト・低価格領域にだけではなく、高コスト・高価格領域にも生じ、そこにも新規参入者が登場する余地があるとする仮説である。

つまり、充実したサービスを売りにした高コスト、高価格経営による新規参入が成功すると、追随事業者が現れてくるので差別化を必要とするが、元々サービスは充実しているため、必然的に競争はサービスの簡素化とそれによるコスト・価格の引き下げの方向に向かう。その結果、高コスト・高価格領域に再び空白が生じ、そこに新規参入者出現の余地が生まれる。

ホテル業界やコーヒーチェーン業界ではこのようなことが現実になっている。

低価格車が脚光を浴びるようになった背景にも「小売の輪」や「真空地帯」の仮説が当てはまると考えられるのではないだろうか。

かつては日本車が低コスト・低価格を武器に市場を席巻してきたが、一九八〇年代後半の円高と輸出規制を背景に高品質・高価格路線に移行し、バブル崩壊を機に一度は低コスト・低価格領域に戻ったものの、安全・環境規制や資源・エネルギー価格高騰のプレッシャーと人的資源や生産キャパシティの制約から、少なくとも単価を下げる方向には動きづらくなっている。低コスト性では日本車を駆逐する潜在力をもつと考えられていた韓国車も、労務費と為替の上昇で、昨今は高級化路線に向かっている。

一方で、世界的には低価格車を求める声は、すでに見てきたような新興国のみならず先進国でも日増しに高まっている。「小売の輪」が一巡する局面、選手交代の時期を迎えつつあると考えられる。

超低価格車がもたらす構造変革

筆者自身は、三〇〇〇ドル以下の超低価格車に関しては、その実現性についても社会的意義についても懐疑的である。

三〇〇〇ドル以下の価格帯では、安全、環境、品質保証のための投資や費用（少なくとも一台当たり約二十万円というのが筆者の推定）が捻出できないだろうというのがその理由である。

したがって、ここでは「最低限の安全、環境、品質保証を装備した三〇〇〇ドル以上」という条件つきの超低価格車に限定して、その実現が自動車産業にどのような構造変革をもたらすか、四つのポイントについて考察してみたい。

❶ほとんどの小型車メーカーが撤退か戦略変更かの選択を迫られる

「小売の輪」の理論で見たように、新規参入者が低コスト・低価格領域への参入に成功すると既存事業者からも追随者が現れはじめ、市場の下方シフトが加速する。

一九九六年にマツダ・デミオがBセグメントで成功を収めると、九九年ホンダ・フィット、二〇〇一年トヨタ・ヴィッツが続き、気がつけば国内登録車がBカー一色となった歴史があるが、今回はそれをはるかに上回るものになるだろう。

一部のブランドを除き、A～CDセグメントはパーソナル・モビリティ（移動の自由）にその意義があり、価格対機能比で選択される商品であり、従来のBセグメントの商品がAセグメントの商品よりも数十万円も安い価格で投入されれば市場は動く。動くと追随者が現れ、さらに市場が動くことになる。

したがって、既存事業者は自らも超低価格車に参入するか、台数を放棄して高級ブランドへの転換を図るか、乗用車市場から撤退するかのいずれかを迫られることになる。中でも日本の軽自動車（Aセグメント）は政策的な存在意義を問いなおされることになるだろう。

❷メガサプライヤとティア1神話が復活する

超低価格車は、コスト削減のために、単一もしくはごく限られた商品構成で、プラットフォームや部品は他車種との共有や既存車種からの流用が多くなるはずである。つまり、極限まで開発費を抑えるとともに、規模の経済によって設備投資の回収を早め、部品の単価を下げる必要があり、そのために大手のサプライヤからの集中購買が従来以上に求められることになる。

一九九〇年代後半に、開発費や設備投資負担、保証責任負担からティア1とメガサプライヤ以外のサプライヤは淘汰されるという噂が広まり、それを信じた大手サプライヤ間でM＆Aが活発に進められた。二〇〇〇年代に入ると、それら合併型あるいはメーカーからのスピンオフ型のメガサプライヤの経営破綻が相次ぎ、メガサプライヤ路線やティア1主義は神話であったことが明らかになってきている。

しかしながら、超低価格車によって単品の大量生産が求められるようになると、メガサプライヤ、ティア1に再び注目が集まり、特に設備投資型で少種多量生産を得意とする米系のサプライヤが再び有利になる可能性がある。

❸すり合わせ型ものづくりが相対化される

一九八〇年代に日本車が自動車産業の覇権を握って以降、自動車の製品アーキテクチャにはクローズド・インテグラル（統合的ですり合わせ型）のものづくりが、品質、生産性、コストの観点からベストだとされてきた。

だが、前述のように、メガサプライヤや異業種のサプライヤによって大量生産された単一部品や汎用部品、二輪車用部品、新素材の採用が超低価格車には不可欠になると、自動車の中にもPCや家電、自転車のような製品アーキテクチャで使われるオープン・モジュラー（完結的で組み合わせ型）のものづくりが入り込んでくることになる。

クローズド・インテグラルとオープン・モジュラーは、どちらが優れているというよりも、製品のポジショニングや顧客の期待値によって使い分けすべきものということになるだろう。

実際のところ、超低価格車の限界利益（額）は、従来の五分の一～十分の一にとどまるはずである。すなわち、生産性を従来の五～十倍に高めない限り、固定費を賄えないことになる。ピッチタイムはこれ以上短縮できないとすれば、部品点数や工程数を従来の五分の一～十分の一に減らさなければ実現しない。

そうなると、従来の五～十倍の規模での機能統合モジュールが必要になり、それを可能にする素材やプロセスが求められることになる。

❹自動車メーカーとサプライヤの力学が逆転する

自動車メーカーとサプライヤの力関係は、他の多くの商取引関係と同様に、相手方へのビジネス依存度によって決まると考えてよい。

A社にとってB社が唯一の取引先である一方、B社にとってはA社が数ある取引先の一つに過ぎないとすれば、両者の力関係はA社＜B社となる。

マクロ的には、ハーフィンダール・ハーシュマン指数[1]が大きい業界と小さい業界との間では、前者の力関係が強くなる。

自動車メーカーとサプライヤの関係でいえば、後者の事業者数は前者よりも何桁も多いので基本的には後者のＨＨＩが低くなる（一社当たりの市場シェアが細切れになるからその二乗和が小さくなる）。だが、超低価格車においては、自動車メーカーが求めるコストで納入できるサプライヤの数は世界的に

[1] 市場の寡占度を測る指標で、各企業の市場シェアの二乗和＝ＨＨＩ。

も限られ、しかも集中購買を余儀なくされるため、サプライヤのＨＨＩが飛躍的に高まり、逆転する可能性すら秘めている。

そうなると、自動車メーカーがサプライヤ・マネジメントを行う立場から、サプライヤのＯＥＭマネジメントを受ける立場に変わることもあり得る。

超低価格車に対する備え

ここまで述べてきたことは自動車産業にとって悪夢のような話だったかもしれない。だが、超低価格車の投入を発表している企業、それも買収によって世界最大の製鉄会社を作った国で、最も信頼されている財閥企業が現実に存在することから目を背けてはいけない。

いざその時を迎えて狼狽しないための備えとしては、二つの方向性があると思われる。

第一に、「真空地帯」をできるだけ狭めておくことである。好況期や繁忙期にあってもコスト削減の手は緩めず、それも改善レベルではなく革新レベル、少なくとも五〇〇〇ドルカーレベルのコスト削減策や開発力をもつことである。そうすることで、仮に超低価格車が導入されても、新規参入者のスペース、収益性はそれだけ制約され、新規参入の抑止効果が働く。

第二に、ブランド力を高めて「小売の輪」と無縁な世界に入ることである。相対的価格ではなく絶対的価値で選択されるようなブランドに磨き上げ、むしろ高コスト・高価格領域に真空地帯が生じればそこに入り込むことを目標とする。そうすることによって、超低価格車による市場全体での価格帯下方シフトを、逆に事業拡大や収益強化の好機とすることも不可能ではなくなる。

4 「プローブカー」に見る新たな需要の開拓

パイオニア、カーナビ向けに駐車場入口情報を含む施設データのWeb配信開始

2006.10.10

プローブカーは、VICSのように莫大なインフラ費用をかけることなく、リアルタイムで渋滞情報を提供できる技術として注目されるが、通信コストの増大が最大の普及阻害要因である。その点、リアルタイム性を排除し、通信コストを削減したバッチ処理型の「蓄積型プローブ」は、発想の転換であり、このようなユーザーの費用負担を最小限にとどめる手法が新しいサービスの普及を進める上で有効なケースもある。

パイオニアは「カロッツェリア・サイバーナビ」向けに、「蓄積型プローブ」で収集した施設データのウェブ配信を開始した。参加者は、ウェブサイトから希望の施設データをパソコンにダウンロードし、「ナビスタジオVer.2」を利用して、サイバーナビに取り込んで活用することができる。

今回の配信データは、サービス開始から九月二十五日時点までに蓄積した約四カ月間の走行履歴データ約八十万㎞、登録地点データのべ六万五〇〇〇地点、検索履歴データのべ二十四万地点だ。

プローブカーとは？

いわゆるＩＴＳ社会が実現する将来のクルマ社会のテレマティクス技術の一つとして、「プローブカー」というシステムがある。走行中の多数のクルマをネットワークでつなぎ、そこから吸い上げた情報を収集・統合・解析して、より高度な情報を提供するというものである。たとえば、ワイパーの動作状況を集めることで、どこの地域で雨が降っているのか、詳細かつリアルタイムで提供することが可能になる、というものである。

このプローブカーのもたらす情報の中で、最も注目を集めている利用用途が、リアルタイムに提供可能な渋滞情報である。現在、主要幹線についてはＶＩＣＳ（カーナビ用に渋滞情報を提供するシステム）による情報提供が受けられるが、こうした渋滞状況をインフラ側から検知する装置を全国の道路にくまなく普及するには莫大な費用と時間がかかる。しかし、こうしたクルマ自体が渋滞情報のセンサになる仕組みを構築できれば、より詳細かつ高精度な渋滞情報を安価に得られると考えられている。

近年、こうしたシステムの実現に向け、自動車メーカー各社は政府と共同で各地の実証実験を進めてきた。日産は、二〇〇六年十月から神奈川県で日産車ユーザーを対象に大規模な実証実験を行うことを発表した。

これまで最も積極的に取り組んできたのがホンダである。同社では、テレマティクスサービス「インタープレミアムクラブ」において、独自の渋滞情報を提供している。同社の会員は現在二十万人以上といわれており、その会員から走行状態を収集し、車線ごとの渋滞情報や抜け道情報など、既存のＶＩＣＳでは得られないような高度な情報を会員に提供している。

現在のプローブカーの課題

プローブカーの利便性は、市場への普及が増すにつれて加速度的に高まると考えられている。普及台数が拡大すれば、その情報の質・量が向上すると同時に、システム自体もコストをより多くの台数で分散して負担することになるため、利用料も下げられるであろう。現在以上に普及が進めば、渋滞情報以外のコンテンツの実用化も進むと見られ、その利便性はさらに高まるだろう。

二〇〇六年現在、その普及に向けての最大の障壁は、費用対効果だといわれている。各社が実証実験でデータを蓄積している大きな目的の一つは、どれくらいの台数からどの程度の頻度で情報を収集すれば、充分な質・量の情報を提供できるかを実用化のために見極め、機能とコストのバランスを見出すためである。

通信頻度を増やせばデータ量は増加し、情報の質・量は拡大するが、通信コストやサーバなどの設備投資も増加する。現在主流の携帯電話に通信手段を頼る限り、その通信コストは大きな負担となり、テレマティクス関連サービス普及に際し、大きな障害となる。ユーザーの携帯電話を接続する前提で設計するにしても、専用の通信端末を搭載するにしても、現状からサービス料金自体を大きく引き下げるのは難しいだろう。

通信コストという壁

携帯電話などの通信費は年々低下している。国内の携帯電話市場が一人一台以上普及している今、これ以上、通話用の携帯電話の市場は拡大しにくい。そのため、これからのターゲットは、クルマをはじめとする機械の監視・制御・管理など、新市場の具現化を期待していると考える。しかし、新たな需要を開拓し、多少コストが下がったとしても、通話用途以上の大きな需要を見込めず、国内の全保有車両に普及するレベルに達しない限り、通信費を抜本的に下げることは難しいのではないだろうか。

一方、他の通信手段という可能性はどうだろう。ＥＴＣで普及が進んだＤＳＲＣや、ＰＣ用で普及が進んでいる公衆無線ＬＡＮの活用なども考えられる。ＩＰ携帯電話も登場するかもしれない。しかし、現時点では、いつ頃クルマにおける双方向通信の情報手段として利用可能になるものか見えにくく、インフラが普及すれば活用するサービスが増えることは予想されるものの、特定のサービスのために普及を考えても、採算が合うものになるかはわからない。

このように考えていくと、他のテレマティクスサービスも含め、新車価格にこうした利用料金を含めるなど、課金方法を工夫し、ユーザーに利用料金が見えづらい形にすることが現時点での最良の策なのかもしれない。

リアルタイムの必要性

だが、この手のサービスは、本当にリアルタイム性が必要条件なのであろうか。リアルタイムに情報が取得可能であれば利便性が高いことは間違いないだろう。一方で、前述のような通信コストの問題が発生するため、利便性だけ追求してしまうと利用料金も高いものとなりがちであり、結果としてその利用料金を払うだけの価値を見出す人しか使わないものになってしまう。

インターネットや携帯電話がこれだけ普及し、運転中以外であればいくらでも無料で情報取得が可能な現代社会においては、追加でお金を払ってでも今すぐ情報が見たいという需要と、今でなくてもいいが無料で適度に情報が更新できればいいという需要が混在しているのではないだろうか。

どうしても運転中にリアルタイムで情報がほしいユーザーには、これらのテレマティクス情報を提供することが有効だろうが、そうでないユーザーには、コストをかけてリアルタイム性を追求するよりも、ネットなどを介して情報の開示は行うものの、その取得自体はユーザーに任せる形のほうが自然と考えられる。

「蓄積型プローブ」という考え方

こうしたことを考えると、パイオニアが提供するサービスは、まさにより高度な情報は求めるもののリアルタイム性はそこまで追求しないという需要に応える、二十万円以上の同社のハイスペックカーナビの購入者の需要レベルにマッチした等身大のサービスだ。

パイオニアは二〇〇六年五月に発表した新型カーナビに、走行履歴などの情報をユーザーから集め、蓄積した情報を高度化してユーザーに還元する「蓄積型プローブ」という機能を搭載している。ユーザーは、より高度な渋滞予測データや駐車場入り口位置の情報、施設情報などを入手できる。

カーナビに内蔵された取り外し可能なハードディスクドライブ（HDD）ユニットに車両の走行履歴を蓄積し、リビングキットという家庭のPCとの接続キットを用いて、インターネットを介してパイオニアのサーバと接続することで、ユーザーは好きなときに情報を更新できる。この情報更新を行う際に、サーバ側では走行履歴情報を吸い上げ、同時に収集した情報を解析し、統計処理した上で提供できる仕組みだ。

新たな需要を開拓するために

パイオニア自身も、こうしたバッチ処理のプローブシステムにとどまるつもりはなく、将来的にはリアルタイムの情報提供も視野に入れているという。しかし、最初からリアルタイムの情報提供を押しつけ、そのための費用をユーザーに課金するというよりも、バッチ処理とはいえ無料で情報提供を行いながらユーザーを囲い込み、さらに高度な情報とリアルタイム性を追求したいユーザーにはそうした情報を提供していくという考え方は、多様化が進む現在のユーザーへの提案としてバランスが取れたものといえる。

コストが下がらないと普及しないし、普及しないとコストが下がらない。こうした「ニワトリと卵」の議論をしていても、何も新しい事業は始められない。一方で、技術的に可能だからといって、需要を明確に捉えないまま、誰にでも最高水準のサービスを提供し、そのコストを課金しても、中長期的にユーザーの心をつかめるかは疑問である。

こうした新しいサービスの普及を考える上で、利便性を感じてくれるユーザーを少しでも増やすように、そうした初期ユーザーの費用負担を最小限にとどめる手法の有効性は高い。ＩＴ業界においては、ブロードバンド時代の普及を見据え、赤字覚悟でルーターを街角で配った会社もあったが、そこまでの覚悟がいるかどうかは別にしても、ユーザー側の導入コストに対する配慮がサービスの初期段階では重要となるのではないだろうか。

5 インテリジェント触媒から学ぶ「技術の流動性」

2005.12.20

ダイハツ、「インテリジェント触媒」を医薬品製造分野へ展開

化学品業界との協力で開発され、医薬品業界など、他業界への応用も進む「インテリジェント触媒」技術の例のように、業界の壁を取り払ったR&D活動が活発化することで、技術の流動性が高まり、慢性的なリソース不足に悩む自動車業界の活性化にもつながるものと思われる。

パラジウムは、自動車用触媒以外に医薬品・化学品の製造工程における触媒として広く使用されており、「高い反応活性」と「長寿命」を両立させた「インテリジェント触媒」は、これらの分野でも非常に有用である。ダイハツは、北興化学工業と共同で医薬品を中心とした化学品メーカーへ同触媒の供給を開始する。パラジウム触媒の化学品製造への応用例は、医薬品では「高血圧治療薬（血圧降下剤）」「抗うつ剤」、電子材料では「液晶」「有機ＥＬ」などがある。

いまさらではあるが、地球環境に優しい技術開発は、自動車業界において最も大きなテーマの

一つである。大気汚染、地球温暖化、化石燃料枯渇など、さまざまな問題と向き合い、自動車が環境に優しい存在とならなければ、二十一世紀のクルマ社会が持続的に成長していくことができないからである。

特に動力源については、ハイブリッド車や燃料電池車など、これまでの自動車の仕組みを変える技術が登場しており、未来を支える次世代技術として注目を集めている。しかし、自動車が誕生してから一〇〇年以上経つ現在においても、内燃機関が依然として動力源の中心的存在でありつづけている。それは内燃機関自身が絶え間ない進化を続け、他の動力源を上回る性能をもっているからである。

環境面においても、内燃機関は性能を向上させてきた。特に大気汚染が大きな問題となった一九七〇年代以降、排ガス性能は革新的な進化を遂げ、マスキー法をはじめとする「現時点の技術では不可能」と思われた高いハードルをいくつも乗り越えてきた。

この排ガス性能の飛躍的な向上に大きく貢献してきたものの一つが、排出ガスを浄化する触媒技術である。排出ガス用の触媒とは、排出ガス中の有害物質を化学反応によって無害な物質に変えるもので、一酸化炭素（CO）、窒素酸化物（NO_X）、炭化水素（HC）の三つを同時に低減させる「三元触媒」が主流となっている。触媒物質としては、白金、パラジウム、ロジウムの三種類の貴金属が使用され、次に示すような酸化・還元反応により、排出ガスを浄化する。

HC（炭化水素）↓【酸化】↓ H_2O＋CO_2（水と二酸化炭素）
CO（一酸化炭素）↓【酸化】↓ CO_2（二酸化炭素）
NO_X（窒素酸化物）↓【還元】↓ N_2＋O_2（窒素と酸素）

この化学反応の効果を上げるために、これらの貴金属を微粒子状にして表面積を広げているが、摂氏数百～一〇〇〇度にも及ぶ高温の排出ガスに晒されるため、熱に弱い貴金属の粒子が増大してしまい、表面積が次第に小さくなる性質をもつ。したがって、触媒の浄化性能は年々低下してしまうという問題がある。

一般的に、多くの自動車メーカーは、この性能低下を見込み、貴金属の量を増やすことで排出ガスの浄化性能を維持しており、年々強化される排出ガス規制に伴い、一九九〇年以降自動車業界での貴金属の使用量が増大している。これは、自動車メーカーにとっても大きなコスト負担となっているだけでなく、燃料電池などの次世代技術や電子・化学品業界など他分野でも使用される限られた貴重な資源であるという観点からも、貴金属の使用量を削減する技術が切望されてきた。

ダイハツが二〇〇二年に実用化した「インテリジェント触媒」は、この触媒の性能低下を防ぎ、貴金属の使用量を低減する技術として注目されている。「インテリジェント触媒」は、三種類の貴金属のうち、最も劣化しやすいパラジウムに自己再生機能を持たせることで、使用量の削減を実現した。同社によると、二〇〇五年九月末時点ですでに一五〇万台の車両に搭載されているという。そして、二〇〇五年には、この技術をさらに応用し、白金とロジウムにも自己再生機能を持たせた「スーパーインテリジェント触媒」を開発している。

この「スーパーインテリジェント触媒」の開発には、ダイハツに加え、独立行政法人日本原子力研究開発機構（原子力機構）、キャタラー、北興化学工業の三団体が協力している。こうした業界の壁を越えた連携が、革新的な技術を生み出す原動力となったのであろう。

そして今回、ダイハツと北興化学工業が、この「インテリジェント触媒」技術を自動車以外の産業に応用展開することを発表した。パラジウムを使用する医薬品・化学品の製造工程に応用することで、コスト、生産性、安全性を両立しようとするものである。国内だけでなく、英国の大学やベンチャーと共同で、海外の医薬品・化学品メーカーにも展開するという。

こうした取り組みを活性化させることができないだろうか。国内主要産業の研究開発費約十兆円のうち、約二割にあたる一・八兆円を占めている自動車産業は、日本の製造業の研究開発をもっと推進する役割を担うべきである。毎年、数千億円もの研究開発費を投入する自動車メーカー各社は、研究所を構え、先行開発を行い、ここで開発された技術が新型車に投入されている。

しかし、実際に車両に投入される技術はごく一部で、多くの技術は引き続き研究開発のままであるか、自動車には使えないとして埋もれていってしまうのが現状だろう。これを打破することができれば、自動車産業の研究開発もさらに活性化するのではないだろうか。

東京大学の藤本教授の提唱するアーキテクチャ理論によると、自動車は「囲い込んですり合わせる」クローズド・インテグラル型に分類される。多数の機能部品が複雑に絡み合って構成されており、その一つ一つが巧みに調整されて全体の機能を発揮するからである。自動車はこうした特性を持つ製品であるため、個別の部品や技術が単体で機能を発揮するとは考えにくい一面があり、こうした考え方が自動車業界の研究開発を孤立化させることにつながりかねない。

今回の事例のように、自動車以外の産業分野に目を向ければ、活用できる単体技術が多数ある。IT・バイオ分野など、異業種の技術を自動車に応用する取り組みが注目を集めており、業界間の垣根は着実に低くなってきている中で、自動車分野の技術でも、他の産業に応用できるものがもっと出てきても良いはずである。

昨今、エンジニアの不足、市場の多様化、電子化・IT化の進展などにより、自動車メーカーのリソースは慢性的に不足しており、これに伴い、エンジニアをはじめとする異業種の人材を採用する動きが見られるなど、人材の流動性が高まりつつある。業界の壁を越えて既存概念に囚われずに広い視点を持ち、技術の流動性を高めることができれば、自動車業界自体のさらなる持続的な成長にもつながるのではなかろうか。

6 異業種と取り組む新たな開発アプローチ

運転者が居眠りする前兆を検出できる「居眠り運転防止シート」、東大が開発

2007.2.27

東京大学（機械工学）、大分大学（電気工学）、島根難病研究所（医学）、デルタツーリング（シート設計）から構成する研究グループによって開発された「居眠り運転防止シート」のように異業種間、産学間の連携をうまく活用することで、これまでとはまったく異なる発想やアプローチによる技術、製品開発が可能になる。

東京大学の金子成彦教授（機械工学）らの研究グループは、居眠りする人の血液の流れや呼吸の状態を観察し、居眠りの十分ほど前に末梢血管の血流量が一定のパターンで増える前兆が現れることを発見した。シート背面に磁気回路センサと圧力センサを組み込むことで、眠る前に警告ができる「居眠り運転防止シート」を開発した。

飲酒した状態でも、居眠りの前兆と同様に、血液の流れや呼吸状態に特徴が出ることから、「飲酒運転防止シート」も開発していく方針だ。

以前、スキーバスが起こした交通事故が大きくニュースに取り上げられた。原因は、過酷な長時間運転に伴う居眠りにあったと報道されている。交代要員の配置不備などの問題だけでなく、規制緩和による価格下落に伴う労働環境の悪化など、業界構造自体の問題も問われている。こうした部分については根本的な改善が求められるが、少なくとも居眠り運転を防止する技術が普及すれば、今回のような被害件数を減少させることは可能かもしれない。

実際、交通死亡事故の原因で最も多いのが、居眠り運転を含む「脇見運転」である。警察庁の統計によると、全体の一四・七％を占め、その割合は増加傾向にある。つまり、交通事故死傷者数を減少させる上で、居眠り運転を防止することは最重要課題の一つであることは間違いないだろう。

居眠り運転防止技術に関する取り組み

居眠り運転防止に関する取り組みは、自動車業界でも早くから行われている。すでに実用化されている例では、トヨタが、運転手の顔の向きを検知し、脇見運転や居眠り運転を検知するシステムを二〇〇六年にレクサス「ＧＳ４５０ｈ」や「ＬＳ４６０」に搭載している。ミリ波レーダーを用いた同社のプリクラッシュセーフシステムと連動し、ドライバーモニターと呼ばれるステアリングコラム上部に搭載したカメラが、運転手の顔の向きを検知し、正面を向いていない可能性が高い時には、通常よりも早いタイミングで警報ブザーや表示を作動させて運転手に注意を促し、さらに衝突の危険性が高まり、運転手が正面を向いていない可能性が高い場合には、警報ブレーキにより、体感的に危険を知らせる機能となっている。

また、日立製作所は、静岡大学と共同で、まぶたの開閉を検知する装置を開発しており、一、二年後に実用化を目指している。ダッシュボード上に設置した装置から近赤外線を照射し、カメラで観測することで、まぶたの開閉を検知するという。

その他、過去のモーターショーなどでは、三菱自動車がステアリングやクラッチなどのクルマ自体の操作量から注意力低下を検出して警告する装置を、日産はナイルス部品と共同開発したCCDカメラで瞬きの回数や時間を監視して居眠りに入りそうな状態を検知する装置を発表していた。このような画像処理技術を応用した居眠り運転防止装置の実用化は、着実に進められている。

「居眠り運転防止シート」の新規性

そうした中、これまでとはまったく切り口を変えた、居眠り運転を防止する新技術が発表となった。東京大学を中心とした研究グループによる「居眠り運転防止シート」は、シート背面に組み込んだセンサが、入眠予兆（眠くなる前の前兆）を検知し、居眠り状態になる前に警告を発することができるという。シート背面に組み込まれた磁気回路センサと圧力センサにより、運転手の体の動き、心拍数、呼吸数をシートに着座した状態で計測することができ、居眠りの十分ほど前に現れる末梢血管の血液量が一定のパターンで増える前兆現象を検知するという。特に身体に何か装置を取り付ける必要がなく、センサ自体も小型のものを開発し、通常のシートと同等のサイズである点も、実用性が高い技術と評価できる。

研究グループは、東京大学（機械工学）、大分大学（電気工学）、島根難病研究所（医学）、デルタツーリング（シート設計）という業界や分野を超えた構成となっている。デルタツーリングは、シートメーカーのデルタ工業のグループ会社で、シート設計だけでなく、プレス金型や製造設備も手がけるグループ内のエンジニアリング会社のような位置づけである。自社製品としても、快適性とサポート感を両立させる独自のシートだけでなく、介護用のマットや救急車用の防振架台など、独自技術を応用した商品を手がけている。今回の研究グループでも、同社のシート設計技術が研究テーマの実用性向上に大きく貢献していると想像される。

研究グループは、飲酒状態の生体信号の解明にも取り組んでおり、今後、飲酒運転防止シートの開発も進めていくという。同じ装置で、居眠り防止と飲酒運転防止を兼用できるとすれば、採用する自動車メーカーの立場にとってありがたい話である。同様の技術で、運転手の個人認証（エアバッグやミラーの設定など）や、肉体疲労状況の検知など、さまざまな用途への活用ができれば、さらに魅力的なものになる。

異業種との開発における相乗効果

今回の居眠り運転防止技術は、これまでと明らかに違う発想やアプローチで開発されたものである。工学系技術と医学系技術を掛け合わせることで、新しいモノを開発したといえる。クルマ自体の性能向上のためにも、センサ自体の精度を高め、実用レベルにまで性能を向上させていくことが求められており、こうした技術の多様性が増すことで、複数のセンサを組み合わせてより良いものを作ることが可能となり、さらに実現性が高まると考えられる。

昨今、自動車以外の分野からの技術導入は着実に進んでいる。クルマを運転するのがヒトである限り、人体を検知する技術は高いニーズがあり、医療技術の応用には大きな期待がかかっている。こうした、異業種間、産学間の連携が進むことで、新たな技術が生まれる可能性も高まるのではないだろうか。

7 アライアンスを活用した事業拡大手法

独シーメンス、自動車部品部門ＶＤＯを独コンチネンタルに売却

2007.7.31

「革新的製品」「品質」「コスト競争力」の三つを、高い利益率を上げるために必要な要素としている独コンチネンタル社は、既存領域の強化と新事業領域の開拓を両輪で進めている。新事業領域の開拓は、戦略的に拡大したい技術分野の企業と提携するなど積極的にアライアンスを活用しており、このような柔軟な事業展開は日本の部品メーカーにとっても見習うべき点が多い。

コンチネンタル社というと、タイヤメーカーというイメージが強いかもしれないが、今やゴム部品から電子制御部品まで手がける、一大システムサプライヤである。二〇〇七年、独シーメンスからＶＤＯ部門を買収することで、総売上高約二五〇億ユーロ（約四・一兆円）、総従業員数十四万人を誇る、世界で五本の指に入るサプライヤになった。

本章では、コンチネンタル社の事業拡大の歴史から、自動車部品メーカーが目指すべき戦略に

ついて考えてみたい。

コンチネンタル社の特徴

コンチネンタル社は、一八七一年に四輪馬車や自転車用のソリッドタイヤなどを生産する会社として創業し、一八九八年には自動車用の空気タイヤの生産を開始している。その後、世界初のトレッドパターン付タイヤを開発するなど、タイヤの技術革新とともに事業を拡大させ、創業一三〇年以上たった今でも、世界第四位のシェアをもつ総合タイヤメーカーとして、その地位を確固たるものとしている。

業界全体でグローバルに再編が進むタイヤ業界において、同社も、米ユニロイヤル社の欧州事業や米ゼネラルタイヤ社などを買収し、グローバル供給体制を確立してきている。

しかし、同社が他のグローバルタイヤメーカーと大きく異なるのは、タイヤをはじめとするゴム製品だけでなく、総合システムサプライヤとして事業展開していることである。代表的なところでは、タイヤ以外の事業を一九九一年に独立会社として再編し、現在では世界最大級のゴム・プラスチック部品メーカーとなったコンチテック社、一九〇六年に創業したブレーキ部品メーカーであるコンチネンタル・テベス社（九八年にコンチネンタル傘下に加わる）や、同じく一〇〇年以上の歴史を持つ自動車電子部品メーカーであるコンチ・テミック社（二〇〇一年に資本参加）などを傘下に抱える。

幅広い事業領域

現在、コンチネンタル社は、次の四部門に分かれている。

Automotive Sytems Division（自動車システム部門）……ブレーキ、ABSをはじめとする安全関連技術やESCなどのボディ電子制御技術、テレマティクス技術まで幅広い分野をカバーする。世界十七カ国に三十六の生産拠点を展開する。現在は、さらに七つの部門に分かれている。

- 電子制御ブレーキおよび安全システム（ABS、TCS、ESPなど）
- 油圧ブレーキシステム（ブレーキブースター、ホース、キャリパーなど）
- シャシーおよびパワートレイン（エアサスペンションシステム、シャシー、コントロールシステムなど）
- テレマティクス（ワイヤレス技術に基づく情報システムなど）
- エレクトリックドライブ（ハイブリッド、電動モータなど）
- ボディおよび安全（車内ネットワーキング）

・アフターマーケット（消耗品、油圧関連部品、ＡＢＳセンサなど）

Passenger and Light Truck Tires Division（乗用車・小型トラック用タイヤ部門）……乗用車、小型商用車用のタイヤを担当する部門。買収などにより事業拡大した結果、「コンチネンタル」のほか、九つのブランドを展開している。欧州で生産している車両の四台に一台が「コンチネンタル」タイヤを装着しており、ＯＥＭ装着タイヤとしては欧州トップのブランド。世界十カ国に十四の生産拠点を展開する。

Commercial Vehicle Tires Division（商用車用タイヤ部門）……商用車とオフロード車用のタイヤを扱う部門。世界七カ国に九つの生産拠点を展開する。

ContiTech Division（コンチテック部門）……タイヤ産業を除く、ゴム、プラスチック技術分野において、世界最大のメーカー。自動車産業以外にも、建設機械、鉱業、鉄道技術、印刷機械向けに、部品、システムを開発、生産している。世界二十一カ国に生産拠点を展開する。現在は、次の七つの部門に分かれている。

・コンチテック・パワー・トランスミッション・グループ（パワートランスミッションシステム）

・コンチテック・エアスプリング・システム（エアスプリング部品）
・Benecke Kaliko AG（スラッシュスキン、表皮材、クッション製品）
・コンチテック・エラストマー・コーティング（技術系機能素材、ダイアフラム、ブランケットなど）
・コンチテック・フルーイド・テクノロジー（ホース、ホースラインシステム）
・コンチテック・コンベアーベルト・グループ（コンベアーベルトなど）
・コンチテック・バイブレーション・コントロール（振動およびシーリング技術）

事業領域の推移

コンチネンタル社の事業拡大の歴史を整理してみると、次のようにまとめられる。

タイヤ事業の新技術追求（創業～一九六〇年代）……自動車用タイヤの先進技術開発により、現在の大手タイヤメーカーとしての地位を確立。

タイヤ事業のグローバル供給体制の拡大（一九六〇年代～一九八〇年代）……海外タイヤメーカーの買収により、グローバル供給体制を確立。

タイヤメーカーから大手部品メーカーへ（一九八〇年代～二〇〇〇年代）……タイヤの開発で培ったノウハウを活かすべく、M&Aを通じて、ブレーキ、シャシー制御といった、走行性能、安全性能に関わる分野に進出。

大手部品メーカーから総合システムサプライヤへ（二〇〇〇年代～）……電子制御系の分野への拡大に注力し、システムサプライヤとして自動車技術を総合的に開発するメーカーに移行しつつある。

つまり、既存領域の機能追求から市場の拡大へという流れから、事業領域を広げてその機能を高めるという流れに移行しているのである。

システムサプライヤへのシフト

二〇〇七年のシーメンスVDO買収についても、右記の流れに沿ったものといえる。この買収で同社が得られる事業領域により、次のような効果が期待できる。

新たな事業領域への拡大……エンジン制御系の技術（特に今後市場拡大が期待されるディーゼルエンジン制御

技術や、ハイブリッド制御技術など）、各種センサ技術、ヒューマン・マシン・インターフェース（HMI）関連技術などを傘下に加えることで、より統合的なシステム提案が可能になる。

既存の事業領域の強化……ボディ制御技術、安全関連技術、ハイブリッド車関連技術など、既存の事業領域と重なる分野も少なくない。開発リソースが逼迫する電子制御系部品の技術開発において、統合による効率化を期待できる。

既存のタイヤやゴム、プラスチックなどの素形材部品を単体で供給するよりも、電子制御をからめたシステムとして供給するほうが付加価値も高く、利益率も高いと考えられる。

同社は、自動車の走行性能に関する技術を幅広くカバーしているという強みを活かし、自動車メーカーやサプライヤ向けにエンジニアリングサービスを提供する事業も展開している。これにより、開発リソースが不足する顧客の支援をしながら顧客との関係を強化するだけでなく、新たな事業領域と機会の発掘も狙っているのである。

こうして、既存領域の強化と新事業領域の開拓を両輪で進めていることが、同社の戦略から垣間見える。

M&A以外のアライアンス

こうした事業拡大にあたっては、派手なM&Aに注目が集まりがちであるが、コンチネンタル社が進めているのはそれだけではない。目的に合わせて、他の大企業との提携を活用している。

マイクロソフト……二〇〇六年、米モトローラの自動車電子事業の買収により獲得したテレマティクス技術を強化するために、マイクロソフトと戦略的アライアンスを提携している。両社が提案するテレマティクスシステムは、すでにフォードから受注を得ているという。自社ではカバーできない領域を提携先とのアライアンスによりカバーし、統合したシステムを実現したものである。

独ZF……また、ハイブリッド車関連技術については、大手変速機メーカーであるZFと提携し、ハイブリッド車駆動ユニットの共同開発を行っている。変速機の内部にモータやインバータを内蔵することで、搭載性を高めた商品開発に取り組んでいるという。両社は、二年前からハイブリッド車関連技術の共同開発を行うコンソーシアムを組成しており、その結果、二〇〇六年、VWからハイブリッド車駆動モジュールを受注するに至っている。マイクロソフト同様、互いの強みを活かし、自動車メーカーが受け入れやすいシステムを実現したものである。

ブリヂストン……ブリヂストンと共同で、商用車向けの先進的なタイヤ空気圧モニタリングシステムの開発に取り組む。両社は、横浜ゴムと三社で、ランフラットタイヤの共同開発も行っており、開発リソースの効率化とデファクトスタンダードの構築を狙う。同業種であっても、戦略的アライアンスを活用することで、商品開発を効率的に進めたり、商品自体の戦略性を高めたりすることができる。

つまり、同社は、アライアンスの一つの手段としてＭ＆Ａを活用しているものであり、単に手を広げているわけではない、ということは間違いないだろう。実際、不採算工場を閉鎖したり、他の事業とシナジーが低い事業を売却したりしながら、資産の入れ替えも行っている。

アライアンス型事業拡大戦略

コンチネンタル社は、「革新的製品」「品質」「コスト競争力」の三つを、高い利益率を上げるために必要な要素としている。戦略的に拡大したい技術分野の企業と提携し、革新的な製品技術を取り入れ、自社の品質管理ノウハウを導入し、生産規模の拡大と低コスト国での生産シフトによりコスト競争力を高めている。その手段としてアライアンスを最大限活用しており、自社に取り込んだほうが有益と判断したものを順次買収していると考えられる。

同社の最大の強みは、自社の事業領域を考える上での柔軟性なのかもしれない。「うちの会社はタイヤ屋さんだから、そんなことはできない」と考えていたら、こういった事業展開はできないだろう。

時代の変化に応じて、常に革新的な技術を追いかけながら事業基盤を拡大させていく同社の戦略に、学ぶべきところは大きい。

8 ユーザーインタフェース変革による新規性の訴求

いすゞ、大型トラック「ギガ」のトラクタシリーズをモデルチェンジ

2007.6.26

自動車業界では安全性、快適性向上の観点からHMIに注目が集まっているが、他業界の事例を見てもわかるとおり、製品およびマーケティングにおけるユーザーインタフェースの変革は消費者への新規性訴求にも大きな効果をもたらす。クルマ離れが叫ばれる中で、自動車の魅力を向上させていくためには、製品開発、ディーラー開発の過程で考慮に入れておく価値がある。

いすゞと日立が発表した新製品、新技術

いすゞが大型トラック「ギガ」のトラクタシリーズをモデルチェンジし、二〇〇七年六月より発売が開始された。注目されるのは予防安全に関する先進技術を標準化装備とした点である。

大きな車両重量や連結車特有の車両挙動を行うトラクタ・トレーラの事故は、即重大事故に直

結する。その原因のほとんどは長距離輸送の疲れなどによるドライバーの不注意だといわれており、その点を考慮し、商用車メーカーとして、事故に至る前のドライバー支援を最優先に考えたものといえる。

搭載されているのは、状況確認のための安全技術「ＶＡＴ（View Assist Technology）」と車両制御のための安全技術「ＩＥＳＣ（ISUZU Electronic Stability Control）」である。

ＶＡＴはミリ波レーダーによって先行車との車間距離をモニタリングし、追突の恐れがある場合には警報により注意を促す「ミリ波車間ウォーニング」や、ステアリング操作からドライバー個々の特性を学習した上で、運転集中度を判断し、集中力が低下したとみなした場合には、マルチディスプレイによる表示と音でドライバーに注意を促す「運転集中度モニター」といった機能から成る。

また、ＩＥＳＣは電子制御ブレーキシステムを進化させたもので、各種センサでモニターした情報により、不安定な車両状態と判断した場合ドライバーに警報するとともに、エンジン出力、ブレーキを自動で電子制御し、車両姿勢を安定化させるというものである。

一方、同時期に日立製作所は、赤外線を放出することによってタッチパネル操作時に運転者と助手席に座る人とを識別できるカーナビゲーションシステム向けの技術を開発し、二〜三年後の実用化を目指すことを発表した。

カーナビは経路表示だけでなく多彩な機能を有するようになってきているが、安全性のため走行中は複雑な操作ができないように機能が制限されている。新技術を使えば、走行中でも安全性に配慮しながら、助手席側から経路設定の変更やオーディオ操作など複雑な操作が可能になる。

自動車業界におけるＨＭＩの重要性

紹介した二つのニュースには共通点が存在する。それは、どちらも人間工学でいうところのヒューマン・マシン・インタフェース（ＨＭＩ）に関連した技術だということである。

ＨＭＩとは、人間と機械の間で情報のやりとりを行う境界を指し、通常は操作や命令を与える人の意思を簡便に機械が理解できるように、または機械の状態を人が理解しやすいように設計される。ＨＭＩの代表的なデバイスとしては、スイッチ、ハンドル、レバー、ディスプレイ、技術としては音声認識、画像認識などが該当する。

自動車というのは元々、ＨＭＩの発想が必要な製品であるが、近年、自動車業界においてはいくつかの観点からこれまで以上にＨＭＩの発想、そして製品への応用が重要になってきている。

まずは安全性向上の観点であり、いずゞのニュースはまさにこれに該当する。現在の自動車業界における安全技術の焦点は、事故が起きた際にいかに被害を軽減するかというパッシブセーフティ、プリクラッシュセーフティから、いかに事故を未然に防止し、危険を回避するかというアクティブセーフティに移りつつある。

アクティブセーフティ技術では、ドライバーの認知能力や操作能力の不足を自動車側が技術的に支援することになるわけだが、ドライバーの眠気や不注意をどのように検知するか、また、検知した情報を踏まえ、危険回避の観点からどのような判断を下すのか、といった点はＨＭＩがおおいに関係してくる分野となる。

次に快適性向上の観点がある。

ＪＤパワーが毎年発表している新車購入直後の初期品質調査（ＩＱＳ）の指標は、業界内でも馴染み深いが、二〇〇六年よりこのＩＱＳの調査方法が変更された。具体的には、二〇〇五年までは「壊れる」や「動かない」というもののみ不具合としてカウントしていたが、二〇〇六年からは「使いにくい」「使い勝手が悪い」というものまでカウントするようになった。

このことに象徴されるように、現在の自動車業界においては、いかに自動車の利用および利用時の車内空間を快適にするか、という点も大きなテーマとなっており、その意味でもＨＭＩの発想が内装のレイアウトなどに大きく影響を及ぼすことになる。日立のカーナビ技術も安全性の向上につながる一方で、快適性の向上につながるものともいえるだろう。

ユーザーインタフェース変革による新規性の訴求

私どもは自動車業界が今後、環境性能、安全性能、快適性能を飛躍的に高めたクルマを開発していく必要に迫られる中で、これまで自動車業界内では蓄積されてこなかったさまざまな技術や知識が必要とされていくのではないか、という問題認識のもとに自動車業界の技術者に対しアンケート調査を行った。

その中の「今後、積極的に外部とコミュニケーションをとっていきたい技術分野とは」という設問では、電気・電子工学、化学、環境・都市工学といった各分野を押しのけて、ＨＭＩを含む人間・生命工学がトップという結果になった。この結果からも、改めて自動車業界においてＨＭＩが重要になってきたことがわかるだろう。しかし、ＨＭＩが製品にもたらす効果は、前述した安全性の向上、快適性の向上といったものにとどまらない。さらに、新規性の訴求という効果も大きいと思われる。

日経ＭＪ（流通新聞）が発表した二〇〇七年上期ヒット商品番付でも、大関にランクされている任天堂が発売した新型ゲーム機「Ｗｉｉ」は、ブルー・オーシャン戦略を体現して新市場を創造した例として、しばしば引用される。

ブルー・オーシャン戦略とは、価格や機能などで血みどろの競争が繰り広げられる既存市場を「レッド・オーシャン（赤い海）」とする一方で、競争自体を無意味にする未開拓の新市場を「ブルー・オーシャン（青い海）」と呼び、製品やサービスの価値を再定義することで新市場を創造しようというものである。

Ｗｉｉは、これまでゲームであまり遊ばなかった小さい子どもや大人にも満足してもらえるゲーム機となることで、ブルー・オーシャン（新市場）を開拓することに成功した。任天堂の岩田社長はインタビューの中で、これまでの延長線上にある技術スペックの向上では、新市場は開拓できないと考えていたことを明らかにした上で、新しい市場を獲得するためにまずユーザーインタフェースに着目したことを述べている。

ゲーム機の場合、ユーザーインタフェースというのはコントローラになるわけだが、両手で持つ横長のコントローラを採用している限り、消費者からは従来のゲーム機の延長線上という認識をされてしまい、新市場開拓には結びつかない。実際、Ｗｉｉのコントローラは縦長の片手で持つ形状であり、それをラケットのように振ることでテニスゲームができるなど、新しい遊び方の象徴にもなっている。

また、ヒット商品ということでいうと、アップルのｉＰｏｄも従来の携帯音楽プレイヤーと比較するとユーザーインタフェースは独特であり、中央のスクロールホイールで操作する仕様になっている。このスクロールホイールも、ｉＰｏｄという製品のもつ新規性の象徴ともなっており、これまで音楽を携帯していなかった層を取り込むことに一役買った。

これら二つの異業種事例でもわかるとおり、ユーザーインタフェースの変革は、製品の新規性の訴求を考える際には大きな効果をもたらすのである。

翻って考えると、自動車の場合は人の生死に関わる製品であるので、ユーザーインタフェースを変更することは、運転者に混乱をもたらすことにもつながり、慎重にならざるを得ない。

ただ、市場が成熟し、クルマ離れが叫ばれる中で、消費者にとって魅力的な製品を開発しようと考える際には、新規性の訴求という効果を考慮してＨＭＩの設計を行うことも有益ではないだろうか。

マーケティングにおけるユーザーインタフェース

ユーザーインタフェースの変革が、新規性の訴求に効果があるということを述べてきたが、これは製品単位の話だけでなく、広くマーケティングという観点で考えた場合も該当する話だ。マーケティングにおけるユーザーインタフェースというと、ホームページやテレビＣＭなどもそうだが、最も代表的なものは販売チャネルであるディーラーということになるだろう。

国内市場の低迷を受け、ディーラーに関しても、業界のリーダーであるトヨタが先導する形でさまざまな取り組みがなされている。

二〇〇五年に日本にも導入されたレクサスチャネルでは、おもてなしを合い言葉にディーラー店舗を高級ホテルのロビーのような空間へと変貌させ、販売員も来訪者から質問がない限り話しかけないようにするなど、レクサスの新規性を従来とは大きく異なるディーラー店舗でもって訴求しようとしている。

また、トヨタはトヨタブランドの全車種をそろえる新業態店舗「オートモール」の展開を開始し、首都圏で大型店舗の出店を加速させている。これも新たなユーザーインタフェース構築の試みといえるだろう。

このようなユーザーインタフェースに関する取り組みは、それが消費者に受け入れられるかは別の話として、少なくとも新規性の訴求には効果があるものと考えられる。

国内市場の低迷は日系自動車メーカーにとって大きな挑戦である。QCDにとどまらない自動車の新しい価値を訴求することが求められているのであり、そういった状況においては、製品、マーケティングの観点からユーザーインタフェースに着目していくことも効果的ではないだろうか。

9 デザインを組織的にマネジメントするには

米国の新車魅力度調査、セグメント別ランキングでホンダが最多の一位受賞

2007.10.2

自動車業界においては、商品の魅力を消費者に伝える上でデザインがこれまで以上に重要な要素になってきており、組織論の観点からも検討が必要とされる課題である。戦略に応じてデザイン部門を組織的にどう位置づけ、人事的にどう処遇するかは異業種でも大きな課題となっているが、自動車産業では日産の試みが最も挑戦的であり、長期的な視点から、その成果が注目される。

自動車の魅力度

ＪＤパワーが実施する米国の自動車商品魅力度調査（ＡＰＥＡＬ）では、新車購入の九十日後にデザイン、性能、装備、仕様などの満足度をユーザーが評価し、その評価ポイントをランキングで発表する。

この調査結果によると、評価一〇〇〇ポイント満点中、八〇〇ポイント未満の自動車メーカーの車両を購入した人は平均で約二〇〇〇ドルの値引きを受けている。しかし、八〇〇ポイント以上の自動車メーカーの車両を購入した人の値引き額は、平均で一〇％低い、一八〇〇ドルとのことである。

デザインに代表される商品魅力度の高い商品は、大幅な値引をせずとも販売できるため高い収益性を保つことができるが、そうでない商品は大幅な値引きをすることになり、収益性を低下させる。そのため、自動車メーカーは戦略的にデザインに投資すべきだというのが、この調査結果から読み取れる示唆である。

だが、この調査で上位にランクされたのは、一位ポルシェ、二位ＢＭＷ、三位メルセデス・ベンツ、四位以降ジャガー、レクサス、アウディの順で、上位は高級車ブランドに占められている。このことは、商品のデザインが評価されたというよりは、人気ブランドの商品を手にした顧客の満足度が高い（所有欲を満たした）ということに過ぎず、デザインを議論するための材料としては必ずしも適切とはいえないかもしれない。

そこで、自動車メーカーの事例に囚われず、戦略的にデザインを位置づけていると考えられる異業種の事例を挙げて、自動車メーカーにおけるデザインのあり方を考察していく。

デザイナーを組織のトップに置くファッション業界

まず、デザインを最も重視しているであろうファッション業界の事例を考察する。エルメス、ルイ・ヴィトン、シャネルなど高級ブランドから、カルバン・クライン、H&Mなど、中級、大衆ブランドまでファッション業界の商品開発においては、基本的にデザイナーがプロジェクトリーダーである。

日本の自動車業界では、主査制度のもと一人のエンジニアが開発プロジェクトのリーダーとなり、各関係部署と連携し、新車開発を進めるが、ファッション業界では、デザイナーがいわば主査となって商品開発を進めるのである。

この場合、主査であるデザイナーは必ずしもインハウスの人間（社員）ではなく、むしろ有期契約している外部の人間であることが多い。グッチのトム・フォード、ディオールのジョン・ガリアーノ、H&Mのステラ・マッカートニーなど、みな外部のデザイナーである。

だが、プロジェクトのトップに立つデザイナーが社内の人間であろうと社外の人間であろうと、彼らに与えられる権限と責任は自動車メーカーの主査の比ではない。

自動車メーカーの主査（通常は部長クラス）にも社長と同様の権限と責任が与えられるが、あくまで特定の商品開発の範囲と期間においてであり、通常は常設の部門（通常、トップは役員クラス）の権限や責任を上回ることはない。これに対してファッション業界では、当該デザイナーの任命期間中は常設組織のすべてが彼らの指示命令によって動くことになる。

その結果、デザイン主導の経営や商品開発、マーケティングが実現しているのである。デザインの影響力が絶大な業界だからこそ、このような組織の設計、運用になっているわけで、業界特性や戦略の異なる自動車業界に、これをそのまま持ち込むことは難しいかもしれない。

デザインを組織的にマネジメントする家電業界

次に、工業デザインの性格がより自動車に近い家電メーカーのデザイン組織運営について、ソニー、東芝、パナソニックの三社の事例を挙げてみよう。

ソニー

ソニーのデザイン部門の特徴は、それが各製品事業部に属しているところにある。これは、歴代社長がデザイン部門の役員を経験しているという同社の歴史や、デザインを経営の主軸に置くという同社の企業文化や戦略とおおいに関係がある。

ソニーでは、デザイン部門が企画、開発、決定までを主導し、商品そのものへの関わり方が深い。商品を梱包するパッケージデザイン、店舗でのディスプレイデザインなど、実際に消費者が体験するところまでがデザイン部門の業務スコープである。このようなことは、デザイン部門が事業部内に深く入り込んでいなければ実現できない。

ただ、その反面、事業部別にデザイン組織が存在することから、全社的、製品横断的なデザインの統一性、一貫性を欠きかねないという潜在的な問題が生じる。そこで、同社では全社のデザイン部門を横串で通すクリエイティブセンターを設けてこの問題に対処するとともに、最近ではプロジェクトチームによる開発体制も取りつつある。

東芝

東芝とパナソニックでは、デザイン部門は事業部には属さず、全社横断組織となっている。このうち東芝は、デザイン部門を本社の戦略部門としてコストセンターに位置づけている。

事業部に従属しない立場からデザインを提案でき、また、同グループ内にある営業企画部門、マーケティング部門などとともに、ブランド、デザイン、広告を連動させ、消費者への商品訴求力を高めることができるというメリットがある。

また、同グループは東芝本体の中長期戦略を立てる役割を担うことから、事業部の個別最適なデザインではなく、全社戦略にのっとった全体最適なデザインが可能になるという長所がある。生活シーン全体で統一感のあるデザイン、抱き合わせで買ってほしい商品群を貫くデザインが実現しやすくなる。

しかし、その反面、各事業部との距離があることから、ソニーのように商品に深く入り込むことができず、商品の単位でパッケージから陳列棚まで一貫したデザインは作りにくいといったデメリットがある。

パナソニック

パナソニックのデザイン組織は東芝型（全社横断デザイン）だが、デザイン部門を分社してプロフィットセンターとしているところに特徴がある。

元々同社のデザイン組織はソニー型（事業部別デザイン）だったが、二〇〇二年に東芝型に変更した。目的はまさに、ブランドアイデンティティーの統一である。その際にデザイン部門を集結させるだけでなく、別会社化したのである。

デザイン部門の分社化により、デザイナーは各事業部に対して営業活動を行い、事業部のニーズや意向を汲み上げ、期待される成果を出すプロフェッショナリズムを求められることになる。分社化の目的はそこにあり、デザイン品質の底上げを期待したものである。

しかしながら、この組織体制では全社横断的な全体最適なデザインよりも、顧客である事業部の意向に基づく個別最適なデザインが引きつづき優先される可能性がある。逆に、長期的な商品開発や、収益性は薄くても戦略的に重要な商品開発であっても、短期的な収益性の観点からデザイン部門の協力を得づらくなるという問題もあるだろう。

このように、三社のデザイン部門の組織のあり方は、各社の戦略の違いを物語っている。「組織は戦略に従う」という格言は、デザイン組織にも当てはまるのである。

自動車メーカーのデザイン組織の変化

自動車メーカーのデザイン部門は開発部門に属していることが多かったが、一九九〇年代以降の組織改革で独立組織とする企業が増えた。だが、一度商品開発プロジェクトがスタートすると、そこではチーフエンジニアの傘下に入るという体制はあまり変わっていない。

その中で特徴的な組織変革を行ったのが、日産である。一九九九年にスタートした日産リバイバルプランの中で、同社もデザイン本部を製品開発本部から独立させたが、同時に二つの変革を行った。

第一に、デザイン本部のトップを部長格から役員格に引き上げ、経営に参画させた。

第二に、主査制を廃止して、デザイン、エンジニアリング、宣伝、商品企画の四人のチーフの合議制に変更した。

その結果、常設のラインにおいても非常設のプロジェクトにおいても、デザイン部門の発言権の確保、自己管理・自己責任の体制が明確になった。

現在の日産は販売面で思うような成果が得られていないため、こうしたデザイン組織改革があまり評価されていない（一般的に、販売結果が悪いときはデザインのせいにされることが多い）ようだが、筆者自身は画期的だと考える。経営を変革したいと思えば、意識を変えなければならず、意識変革に最も有効なのは、組織と人事という目に見える改革だからである。

ほとんどの自動車メーカーが、主査制度のもと、エンジニアをトップに据えて開発プロジェクトを推進しており、デザイン部門はその中での役割にとどまっている中で、日産自動車のデザイン組織の設計と運用が、今後どのような変革をもたらすのか注目していきたい。

10 ＥＣＵ統合と道州制的な組織改革

2006.5.23

トヨタ、ＥＣＵ統合によるコスト低減を重視

ＥＣＵ統合は単純に製品面での変革にとどまらず、自動車メーカー内の組織やサプライヤリレーションなどの組織論的な変革を促す可能性を秘めている。変革にあたっては日本における道州制の議論と同様に、組織の割り方や権限委譲の範囲が課題となることが想定される。そのため、ＥＣＵ統合は単なる設計技術論やコスト削減策の次元ではなく、より大きな経営戦略として慎重に取り組むべき課題である。

トヨタは決算説明会において、ＶＩ（Value Innovation）と呼ばれる同社の原価低減活動を一歩進めて、「ＥＣＵ（電子制御ユニット）の一体統合化」という設計思想に踏み込んだシステム単位での原価低減活動を進めることを発表した。

本章では、トヨタの考えるＥＣＵ統合の意味をいくつかの角度から考察するとともに、そのう

ち、組織論的な意味に関して課題を提起したい。

ＥＣＵ統合の意味するところ

設計思想上の意味

買い手にとっての価値である品質・性能の向上と、作り手にとっての価値である生産性向上を同時に満たすものとして電子制御がクルマに導入されて久しく、その導入領域は日々拡大している。現在では一台のクルマに五十〜一〇〇個のＥＣＵが装備され、クルマはまるで走るコンピュータ筐体のようだ。

ＥＣＵは初期の頃、単品部品の制御のため個別独立的に導入された。その後、各ＥＣＵに求められる機能が高度化・複雑化する一方で、開発リードタイムの短縮や信頼性向上が求められるようになってきたため、複数のＥＣＵを車内通信ネットワーク（ＣＡＮ）で結ぶ時代が到来した。

これにより一つのＥＣＵがもつ最新の機能を他のＥＣＵがＣＡＮを通じて利用できるようになったため、個々のＥＣＵに共通の機能を重複して開発・装備する必要がなくなり、その分開発工数が節約でき、複数のＥＣＵ間での開発次期やバージョンの違いによる機能や性能のばらつきを排除できるようになったのである。

さらに次の段階では、ＥＣＵのネットワーク接続をより効率化するために通信規格自体の標準化が始まり、さらにＥＣＵに載せるプログラムの開発や利用をより効率化するためにアプリケーション間のインタフェースの標準化も進んでいる。

ＥＣＵの統合はその究極の形で、各種の標準化努力によってＥＣＵがアプリケーション部分での高度化・複雑化に対応できるようになると、いくつかのスーパーＥＣＵが装備されていれば、もはや従来並みの数のＥＣＵは必要なくなる。チップ一つ、ソフト一つといえども開発の工数やリードタイムは馬鹿にならず、ＥＣＵの統合により開発の生産性は大きく向上する。開発の生産性の向上は工数を削減し、その分原価低減になることは自明である。

役割分担上の意味

さらに、スーパーＥＣＵの管轄範囲は従来のＥＣＵとは比べものにならないくらい広いため、その開発者にはスーパーＥＣＵの管轄範囲全体を俯瞰して管理できる能力と責任が求められる。その管理の役割を自動車メーカー自身で担うのではなく、その領域に精通したサプライヤに委譲することで、自動車メーカーは管理の業務負担から免れ、その分、より重要な課題に対処できる能力が向上する。

つまり、スーパーＥＣＵの管轄範囲が自動車というシステムを構成するサブシステムだと考えると、サブシステムごとの自立が促され、ずいぶん昔から提唱されながら、なかなか実効が上がっていないシステム開発やモジュール供給が急速に普及する可能性を秘めているのである。

同時に単品部品の単位では、従来の自動車メーカーが内製していた部品を外注化したり、系列会社から調達していた部品をシステムサプライヤの裁量に任せ、結果的に系列の枠組みを超えて広く外からも調達するような変化が起きる可能性もある。

また、そうすることで、自動車メーカーは単品部品の保証責任や個別サプライヤごとの管理コストを、より専門性が高いはずのシステムサプライヤに移転でき、その意味で原価低減の意味も併せもつことになる。

組織論的な意味

今回の発表によると、トヨタは従来一台当たり六十個搭載していたＥＣＵを四個に統合するという。「パワートレイン制御」「ボディ制御」「マルチメディア」「安全制御」の四つである。

前述のとおり、スーパーＥＣＵの管轄範囲はとりもなおさず開発責任者、監督責任者の統制範囲を意味するため、自動車メーカー内部の指揮命令系統や、調達やサプライヤ・リレーションのくくり方にも影響を与える可能性がある。むしろ、そうしなければＥＣＵ統合の実効性が見込みにくいことになる。

二〇〇六年現在、自動車メーカーの組織は、設計・調達・生産技術に大別し、各々をさらにエンジン、ドライブトレイン、シャシー、ボディ、車両、電子、材料などに細分化しているが、スーパーＥＣＵの制御範囲を基準にくくりなおす可能性が出てくるだろう。

さらに外部のサプライヤとの関係においては、「役割分担上の意味」でも触れたとおり、システムサプライヤへの権限委譲が進み、彼らの裁量範囲が拡大する可能性を秘めている。

例えて言うのであれば、従来、日本を四十七都道府県に分けながら霞ヶ関が中央から一元的に統制する中央集権制を敷いていたのに対し、ＥＣＵ統合がきっかけになって米国型もしくはドイツ型の連邦制への移行が進む可能性があるということである。

ただ、本格的な連邦制を目指す意向は自動車メーカー側にはなく、あるとすれば道州制への移行ではないかと考える。

道州制とは何か

道州制の説明の前に、米国とドイツを例にとって連邦制の定義を確認しておきたい。

米国の連邦制とは、United States の国名に代表されるとおり、もともと別の国家（State：州）として生まれたものが、外交や防衛など特定の目的に関して政策協定を結んで統一的な行動をとることを約束した国家連合である。個々の州では、統一行動をとることを約束した部分以外では完全な予算と裁量権をもち、首長や議員も直接選挙によって選出される。一方、連邦もその首長（大統領）も議会（上下院とも）もやはり直接選挙により選出され、State レベルと連邦レベルは制度的に完全に分離独立している。

一方、ドイツの連邦制は領邦国家だったドイツをプロシアが統一してドイツ帝国を作った際、統一の早期完成を目指し、領邦との妥協のために連邦制をとったことに由来している。ナチスドイツ時代に中央集権制に移行したが、戦後その反省もあって連邦制が復活し、強化されている。

米国の連邦制との違いは主に二つある。第一に、連邦レベルと州レベルの仕事の範囲が分離しておらず、多くの場合、一つの政策課題について連邦と州との間で競合や協調が行われること。第二に、連邦参議院が直接選挙制ではなく、州議会の多数派が連邦参議院に代表を送り込む議院内閣制となっていることである。

この結果、効率性という一面で見た場合、ドイツの連邦制は米国のそれに劣る。連邦と州との間で利害対立が起きやすく、その調整に時間を要するためである。しかしながら、両者には共通点もある。いずれも連邦がまずあって、州がそれに従うという関係ではなく、州がまずあって連邦はその次だという価値観である。

これらに対して日本で議論されている道州制は、似て非なるものであることがわかる。日本の道州制の議論は主に次の論点から成り立っている。

・国が全面的・一元的にコントロールする中央集権体制は高コストである。
・一方、都道府県には国の仕事の委譲を受けるだけのインフラとリソースがない。

・だから、都道府県のドメインを拡大して道州にくくりなおし、インフラとリソースを与えた上で国の業務を移管すべきである。

つまり、米独のように地方から発想して国の形を考えたものではなく、国から発想して地方の形を変えたものである。州とはいうが、日本の道州制における州は米独の連邦制における州とはまったく異なるものである（だからこそ連邦制とは呼ばないのだろう）。

「ＥＣＵ統合」をきっかけとしたサプライヤへの権限委譲やサプライヤとの関係性の変化が、米独日のどのパターンに近いかは言うまでもないだろう。自動車メーカーの課題が広く深いものになる一方、人的リソースやコスト削減の余地が限界に近づいてきているために、サプライヤを統合して事業基盤を強固にし、そこに裁量権と責任負担を委譲しようというものだと考えれば、それは道州制に他ならない。

道州制の課題

ＥＣＵ統合にはじまるサプライヤ統合や権限委譲が道州制的なものだとしたら、それが抱える課題も道州制と類似する可能性が高い。そこで、道州制の議論において課題とされていることを列挙してみたい。大別すると、組織の割り方と権限委譲の範囲の問題に分けられる。

組織の割り方の問題

道州制では全国を十〜十二のブロックに分ける案が主流だが、具体的にどこに線を引くかが争点になっている。たとえば、中国・四国を一つとするか、中国と四国を別々のブロックとするかといった議論である。線引きにあたって考慮されるのは次の三項目である。

Ⓐ共同体としての一体性
- 地理的な近さ・交流範囲
- 文化・歴史の類似性
- 産業の発展度合いの均質性
- 課題の共通性

Ⓑ統合の効率性
- 投資・費用内容の重複
- 域内にサブ管理機能が不要
- 域内に相互補完関係が成立
- 域内で利害調整が多発（域外との間ではレア）

Ⓒ統合後の実行能力

・域内のリーダーシップ・人材の存在

・予算・経済規模

・潜在的成長力

・受益と負担のバランス

権限委譲の範囲の問題

道州制において、権限と責任を中央から地方に委譲することは方向性として確定しているとしても、具体的に何をどこまで移譲するかは決まっていない。意思決定のためには次の点で意思統一がなされなければならない。

Ⓐ国と道州の形（ミッション、ビジョン）

・道州制移行後に国・州は各々どんな役割を担い、どのような姿を目指すかという議論。すでに見てきたように、同じ連邦制でも米国とドイツはまったく異なる連邦制だし、ロシア、スイス、ブラジル、アラブ首長国連邦も各々定義が異なる。

Ⓑサービス領域（事業ドメイン）

・ミッション、ビジョンを実現する公共サービスの範囲や中身を確定すること。たとえば、義務教育は国家事業とするか、道州の事業とするかなどがある。

Ⓒ道州の強み（コアコンピタンス）

・各道州が公共サービスを提供する上での強みをどこに求めるか。道州制が中央集権制に比べて効率性を発揮するためには、道州間の競争は不可欠である。たとえば、企業や人材の誘致・引きとめは道州間あるいは、国と道州との間での競合となるが、どこに差別的優位性を求めるか（それ次第では、いずれ破綻する道州も出てくる可能性がある）。

Ⓓ戦略

・道州間・国との間での競合を前提とすれば、企業経営と同様に戦略の巧拙が問われることは必至である。組織・人事、財務、マーケティング、設備投資、R&D、顧客満足などがある。

Ⓔ組織存続要件（共通目的、貢献意欲、コミュニケーション）

・分権制を取りながらも国家としての一体性を維持すること。より身近な存在であった都道府県を廃してまで道州制を採用する見返りを明確にし、構成員の貢献意欲を高めるために、効果的なコミュニケーションを心がけることは不可欠だろう。

ＥＣＵ統合は組織論における変革を促し、その変革の方向性は道州制の議論と似たものになる可能性がある。だとすると、道州制が抱えているのと同じ課題をＥＣＵ統合も抱える可能性があり、その多くは競争戦略や事業開発戦略を含む経営戦略そのもの、経営戦略全体の課題と重なる。単なる設計技術論、コスト削減策の次元では済ませることなく、より大きな経営戦略論の文脈で捉えて取り組むべき重要課題の一つなのである。

コラム◇ＡＹＡの徒然草

「今が旬」ではなく、「今も旬」

みなさんは今の季節、「春」の食べ物で一番好きなものは何ですか？　たけのこ、わらび、たらの芽、ふきのとうなどの山菜類、また、新じゃが、新キャベツ、新たまねぎ、アスパラガスなど春野菜の代表格も含め、春には旬の野菜がたくさんあります。その他、真鯛やあさり、はまぐりなども春が旬のものですよね。

春は美味しいものがたくさんあります。日本の春は、こんなふうに旬のものがたくさんある上に、桜が咲いたり草花の芽が出たり、また、年度初めでもあり、何かとフレッシュな気分になれるとても良い季節です。

「夏」が旬の食材は、トマトやなす、かぼちゃ、ももなどがありますよね。「秋」はマツタケやしいたけ、れんこん、ぶどう、栗、秋刀魚やさば、いわしなど。「冬」は、白菜や大根、ブロッコリー、りんご、みかん、ブリ、牡蠣……といったように、よくスーパーでも目にする野菜や果物、魚の「旬」は、みなさんよくご存じだと思います。

しかし、最近は、温室栽培などのおかげで、一年中あらゆる食材を入手できてとても便利ですが、食材の旬が一体いつなのかわからなくなってしまいます。旬の食材は、美味しいのはもちろん、栄養価も高く、しかもとっても経済的なんですよ。

日本にはせっかく四季があるのだから、そんな旬の食材をなるべく多く使って、食卓でも季節を感じられれば、食事が一層美味しく、楽しくなるような気がします。また、旬の食材には、太陽や大地の生命力がみなぎっていて、それを食べた私たちの体の中へも自然のエネルギーが入り込むような気がしませんか？　でも、そんな自然の恵みを享受するのは、実は至難の業なんです。

そもそも「旬」とは、「十日間の期間」を意味する言葉ですよね。「上旬」「中旬」「下旬」と言えばわかりやすいと思います。野菜や果物の「旬」の盛りは、あっという間に過ぎてしまうということです。

そんな、「旬」の盛りがあっという間に過ぎてしまう食材が多い一方、ずっと「旬」が続くものもあるんですよ。何だかおわかりになりますか？　それは、「ブリ」です。

「ブリ」は、大きさ（成長）によって名前が変わる出世魚の代表で、とても縁起の良い魚です。大きくなるにつれて名前が、ワカシ↓イナダ↓ワラサ↓ブリと変わります。成長するとともにだんだんと脂がのってきて美味しくなり、「ブリ」としての旬は「冬」になります。でも、それぞれの名前の時にはそれぞれの魚としての「旬」なのですから、「ブリ」には旬が四回訪れるということです。

私は、人間も「ブリ」と同じで、いつの年代でも、それぞれの年代が常に「旬」だと思うんです。人は、一〇代、二〇代、三〇代、四〇代、五〇代、六〇代……と、年代ごとにできることややるべきことって違うと思うんです。仕事なら、年代によって役割も違うし、責任も違います。

「旬」という言葉の意味には、「物事を行うのに最適の時期」という意味もあります。そんな最適の時期に、できることややるべきことを精一杯やっていれば、年を重ねても、常に「旬」の連続なんじゃないのかなぁと思うんです。若い時だけが旬だなんて思っていたら、大間違いです。

最近、幼い子どもを持つ専業主婦の九五％が再就職を希望しているという記事を新聞で読みました。そして、その再就職希望者に、「どのような仕事をしたいのか」と尋ねたところ、「自分の成長が感じられる仕事」と答えた女性が最も多かったそうです。

きっと「子育て」は、ある時期の「旬」の仕事だろうと思います。でも女性も、ブリのように子どもが成長していくにつれて、「旬」の仕事が変わっていくのではないでしょうか。子どもを産んでからも、自らの成長を意識して次の「旬」の仕事に取り組もうとする女性が多いのは、本当に素晴らしいことだと思いました。

私も、そんな女性たちに負けずに、今の年代でしかできないことや、やるべきことを精一杯やって、歳を取ったらまた別の「旬」の仕事に臨む、そうしていつまでも「旬」のままで輝きつづけていけたらいいなぁと思っています。

みなさんはどうですか？　「今が旬」ですか？　それとも、「今も旬」で、これからもずっと輝きつづけますか？

従来から日系自動車メーカーはサプライヤとの長期安定的な取引に基づく共生関係を維持することに注力してきており、調達、生産といった機能の今後もサプライヤとの関係抜きには語ることができない。昨今の一層のグローバル化や、先進技術開発に伴う人的リソース不足により、自動車メーカーはこれまで以上にサプライヤの技術や貢献に依存する部分が大きくなってきている。その意味で、今後、サプライヤとの関係をどうしていくかは自動車メーカー各社にとって重要なテーマである。

一方で、サプライヤには従来にない責任と権限が求められることになる。サプライヤは自動車メーカーから、開発力を強化し、車両構想の段階まで立ち入って貢献することが期待されている。また、これまで自動車メーカーが行ってきた二次サプライヤのマネジメントも行うことが期待されている。

つまりサプライヤは単に部品を供給するだけでなく、自動車メーカーから自立した立場になり、独自の経営判断、戦略を持って自動車メーカーに付加価値を提供する存在になることが求められているということである。

サプライヤが自らの存在を革新していこうとした場合、避けて通れないのが事業規模の問題である。自動車メーカーのグローバル展開に対応しながら、付加価値を提供できるだけの開発力を内部で持とうとするならば、どうしてもそれに見合った事業規模が必要とされる。規模の面で欧米サプライヤに遅れをとっている日系サプライヤは、積極的なアライアンス、M&Aなどにより、事業規模を拡大していくことも検討に値する。

また、アライアンス、M&Aといった手法で規模を拡大しないのであれば、外部、特に業界外の資源を有効に活用していくという視点が必要になるだろう。

自動車業界では軽量化やモジュール化のためのソリューションとして樹脂への期待が高いが、一方で、業績が好調な自動車業界に注目し、樹脂メーカー各社も自動車関連事業の強化を目指している。一部、業界間での相互理解が足りないケースも見受けられるが、さらなる自動車業界の発展のためには異業種の知識の活用が必要である。

外部資源という面では外部資金の活用も検討に値する。受注は好調ながら自動車メーカーの海外設備投資に追随していくことで財務的に窮している部品メーカーも見受けられるが、新たな成長戦略を描くため、投資ファンド等の外部資金の効果的な活用を検討してもよいのではないだろうか。

今後は中国やインドといった新興国が自動車業界の主戦場となることが予測されるが、事業の成否には過不足ない調達、生産体制の確立が大きな影響を与える。そのため、新興市場において自動車メーカーとサプライヤがどのような関係を築いていくかが重要な焦点になるだろう。

1 部分最適追求の危険性

2004.8.31

デンソーなど部品メーカー一〇〇社以上、フォードへの供給契約の更改を拒否

フォードがサプライヤから得た技術情報を自由に利用できるという条項を契約に盛り込んだことが、多くのサプライヤの反発を呼んだ。現在、自動車メーカーの製品競争力は、サプライヤの技術や貢献に依存する部分が大きく、自動車メーカーにはサプライヤに最先端の技術を積極的に提供したいと思わせることが求められている。購買政策も、購買という部分最適でなく全社的な全体最適の観点から考える必要がある。

フォードが、購入した部品の技術をグループで共有するとの条項を契約に盛り込んだことに対し、デンソーやアイシン精機、独ボッシュ、シーメンスなど百数十社が知的財産権流出の懸念を強めて反発し、部品供給契約の更改に応じていないことが明らかになった。新車開発に支障が出る可能性もある。

ナッサーCEOが去った後、フォードでは「リバイタライゼーション・プラン」という活動の中で、

欧州および米国での整備・修理事業（クイックフィットおよびコリジョン・チーム・オブ・アメリカ）の売却など、意識的なナッサー以前への回帰も含めたさまざまな分野でビジネスフォーマットの見直し、再構築が活発に行われた。

かつて年間四十万台を売って「アコード」「カムリ」とベストセラーを争った主力車種「トーラス」の廃止や、主力工場（当面はノーフォーク、ルイビル、ディアボーン、AAI、シカゴの五工場。今後、エルモシオ、オークビル、アトランタ工場にも展開予定）へのフレキシブル生産設備の導入に見られる大鑑巨砲主義からの決別と多種少量生産への対応強化や、自前主義へのこだわりを捨て、グループのリソースを本格的に活用（マツダ6のプラットフォームを使って最大十車種を新規開発）した開発スピードと品質の強化に乗り出したこともその一貫であった。

二〇〇〇年のコヴィシント（ビッグ3共通の部品資材共同購買サイト）設立後も自前主義にこだわって投資育成してきた（それがコヴィシントとの発展を阻害した一因といわれる）同種の事業エベレストの清算を決定したこともこの流れにある。

次に、ブルー・オーバルという名称で展開してきた、ブランドロイヤリティーと顧客満足度（CS）の向上に投資しているディーラーに対する報奨プログラムを、二〇〇五年四月以降、大幅に見直すことを発表した。従来、フォードの認証テストを合格したディーラーだけを対象にして、販売一台当たりステッカー価格の一・二五％（約三三〇ドル）を支払っていたものを、広く（対象は全ディーラー）、薄い（販売目標達成率次第だが平均で一七五ドル）ものに変える。

これらは企業戦略の変更であって、朝令暮改と非難するには当たらないし、そもそもスピード経営が求められる時代に必ずしも朝令暮改が悪いとは思わない。これまで当然と思われていたビジネス構造を時々ゼロベースで見直して、社内の形骸化した制度を廃止したり、最新の顧客ニーズや競争相手のスピードに対応できなくなったシステムを抜本的に作り変えることは必要である。

特にトップの交代や経営基盤に影響を与える事象が起きつつあるタイミングでは、会社のビジョン（方向性）の変更を伴うことが多いため、その時機を捉えて既存のビジネスフォーマットの必然性や合理性を再検証しようという動きが出てくるのはむしろ健全である。

そういう意味で、フォードがビジネスフォーマットの再構築活動を進めたこと自体にはまったく異存はない。しかし、ビジネスフォーマットの変更の方向性やタイミングが、企業戦略全体や、市場での競争関係、他分野における自社の施策との間で、整合性、一貫性のとれたものになっているかどうかには議論の余地があろう。フォード以外の多くの会社でも犯しやすい間違いのヒントをここから導き出すことができる。

今回、着目したのは、グローバルコントラクトと呼ばれる、フォードと各サプライヤとの基本契約である。Automotive News の記事によれば、争点になっているのは、次の三つのように解釈できる条項が、二〇〇四年一月にフォードが各サプライヤに提示したドラフトに含まれていることだ。

❶フォードは、サプライヤから得た技術情報を自由に利用できる。

❷フォードは、サプライヤに対する部品代金の支払いに際して、保証（ワランティー）責任負担分として、一定の金額を留保した支払いを行うことができる。

❸フォードは、当該契約をいつ、いかなる理由でも、あるいは理由なしでも解除できる。

❷と❸もかなり一方的な内容ではあるが、表現の問題を別にすると、他社でも実質的に同じような条項があり、ある意味で自動車業界の慣行といえるかもしれない。問題は❶で、常識的に考えても多くのサプライヤにとって受け入れがたいものであることは容易に想像がつく。もっと噛み砕いていえば、サプライヤの技術情報を基にフォードが内製することも可能だし、他のサプライヤに開示して、より安い製品、より高機能な製品を作らせることもできるということになるからだ。

この点についても、知的財産権の価値評価が低いという意味では、フォードだけが特別なのではないという指摘もある。ある時、異業種から自動車産業に進出した企業から次のような声を聞かされた。

「自動車産業は、ソフトやノウハウなどの付加価値に対価を払うという異業種では、当然の市場原理が働かない、特殊なムラ社会。耐久性などの要求が高い割に、価格は自動車業界全体としてコストプラスの発想から抜け出せていないので、設備投資や最新技術投入の動機づけに薄い」

こうした認識が広まると、自動車産業の革新と成長の抑制要因になる恐れがあり、業界全体でも課題として捉えなければならない。

とはいえ、多くの自動車メーカーがサプライヤの知的財産権そのものを露骨に蹂躙《じゅうりん》するようなことはなく、フォードの提案は突出している。この条項に込められたフォードの狙いは、ナッサー時代のバリューチェーン戦略において、小売、サービス、金融をコアとする企業への再生が進められた結果、技術開発、製品開発が遅れがちになった部分を一気に取り返そうというものだったと推測される。

しかし、基本契約の中にこういう条項を織り込むことは、技術革新の目的遂行の手段としては逆効果ではないだろうか。決め事としてこうした条項が含まれ、実際にそのように運用される恐れがあるとサプライヤが感じた場合、フォードに対して、リスクと資金を負担して開発した最先端の技術成果を積極的に提供していこうというサプライヤは逆に少なくなるはずだ。

実際には、フォードと取引のある数千社のサプライヤのほとんどが、新フォーマットのグローバルコントラクトに調印したという。「この契約書にサインしない限り、今後の取引はない」というプレッシャーをフォードから受けてきたのだから当然かもしれないが、そのほとんどはコモディティパーツサプライヤであり、サプライヤ側で実質的に失うものはなかったようだ。

つまり、「レモンの原理」にしたがって、フォードはその期待とは裏腹に、グローバルコントラクトが陳腐で二流の技術ばかりを吸引し、最もほしかった最先端の革新的技術をますます遠ざけてしまう結果に陥る可能性が高いといえる。

この契約政策、購買政策がナッサー時代に打ち出されたものであれば理解できないこともない。フォードの作る自動車には、ハードウェアとしてのイノベーションが強く求められるというよりは、ブランドやサービスなどのソフトウェアを提供していくためのプラットフォームの役割をシンプルに、効率的に果たすことのほうがより強く求められていたからだ。

また、この条項は、コヴィシントやエベレストとの協調性や親和性も高いはずだ。同じ技術要件、品質要件、納期要件、生産性要件に対して、最も低コストで供給できるサプライヤは誰かという共同購買サイトの利用価値を高める上では情報の公開が避けられない。

しかし、時代は移り、冒頭で述べたとおり、フォード自身の企業戦略は変更された。一言でいえば、本業回帰、本業の競争力強化であり、コヴィシントは売却され、エベレストは清算された。日本の自動車メーカーの内製率は二〇〜三〇％程度で、ビッグ3はそれよりも多少高いとはいえ、本業の競争力向上のためには、圧倒的にサプライヤの競争力や貢献に依存するところが大きい。

タイミングとしても、トーラスに見られる大鑑巨砲主義を捨てて、年間十数万台の生産でも利益を得られる多種少量生産体制に移行する時である。

また、テキサスやノースカロライナでの訴訟や予算の制約から、フォードブランドに投資してくれたディーラーだけでなく、すべてのディーラーに広く薄い支援しかできない状態になる。それだけでもサプライヤの目には、フォードに対するコミットメントや投資を強化することが得策とは映らない状況にある。

そのような中で、フォードは従来以上、もしくは他社に対する以上のサプライヤの協力を引き出し、技術革新のために一層の支援を要請しなければいけない環境にあったのである。

Automotive News の二〇〇四年八月九日号の社説によると、Planning Perspective Inc. 社が、毎年サプライヤを対象に行っている、自動車メーカーに対する信頼や満足の調査結果として、ビッグ3に対する信頼度は年々低下しており、サプライヤが経営資源をビッグ3から日系メーカーにシフトする動きが見られるとのことであった。フォードの契約政策や購買政策が、法務部や購買部だけの視点で検討、決定されるのは非常に危険で、本来こうした状況を踏まえて戦略俯瞰的、戦略統合的に検証、調整されなければならないはずである。

英 Economist 誌は、「フォードの最大の弱点の一つが、独立した部署に細分化され、それぞれが異なったマーケットをターゲットとしている製品開発である。この結果、開発技術をシェアすることができず、規模の経済を享受することもできないこと」だと指摘している。製品開発分野だけでなく、あらゆる企業活動の中で部分最適ばかりが追求され、全体最適が省みられなくなっているとしたら、かなり問題の根は深いことになる。

2 サプライヤに求められている能力は何か

2006.2.21

米デュポンが「ナノ・コーティング材」を商品化へ

SII、ベアリングや自動車用部品など向けに、高精度・高能率の内面研削盤

一層のグローバル化に伴う影響を受けて、自動車メーカーのサプライヤへの期待が変化している。サプライヤは、高い素材技術や加工技術を持つ外部企業も巧みに取り込んだ上で自らの開発力を強化し、自動車メーカーの構想力強化に貢献することが期待されている。一方で、高い技術を持つ素材メーカーや加工メーカー側では、技術の持つ価値を目に見える形にするなどして、自動車業界に向けて課題解決の提案を積極的に行っていくべきである。

セイコーインスツルは、時計部品加工で培ったノウハウを活かした内面研削盤シリーズを販売してきたが、ワークサイズの大型化傾向に対応するため、ベアリング外径一〇〇㎜まで研削可能とした内面研削盤「ＳＩＧ03α」を開発し、二〇〇六年二月下旬より発売した。きわめて微細な粒子からなり、並外れた柔軟性を備え、塗布が容易で安価なのが特徴だ。

以前、日経Automotive Technology主催のセミナー「グローバル時代の部品メーカーの課題」にて、サプライヤを中心とする聴衆約二〇〇人を前に一時間ほど講演させていただいた。演題は「グローバル化に伴う自動車メーカー側の考え方の変化と、変化への対応としてのサプライヤ側の戦略オプション」というもので、私どもが行った自動車メーカーに対する意識調査と、昨今の自動車メーカーの実際の行動を踏まえて、およそ次のように結論づけたものである。

「日本の自動車メーカーは、日本車が名実ともに世界のトッププランナーとなったという『商品のグローバル化』を踏まえて、『競争力』重視から『構想力』重視へと『商品』の概念を変えていく必要に迫られており、『製造品質』と『製造生産性』という生産現場依存の経営から、『企画品質』と『開発生産性』という商品企画・開発現場重視の経営への変革を迫られつつある」

同時に、「市場と工場のグローバル化」により、少量生産・変量生産への対応力強化が課題となり、従来の「ものづくり」の概念とは異次元の「多様性と柔軟性」を発揮できる製品・工程アーキテクチャを生み出す必要にも迫られつつある。

さらに、市場と工場のグローバル化に伴う人材の分散希薄化という現実は、生産性の高い外部の力を利用できるところはしていく「リレーション」の概念すら変えつつある。

こうした変化を踏まえて、「開発力」「リスク負担力」「マネジメント力」を発揮できるサプライヤが勝ち残り、従来どおり「グローバル供給力」や「生産技術力」に依存したままのサプライヤは自動車メーカーの期待値とのギャップに晒されることになる。そのため、部品分野ごとの経営課題や戦略の方向性を再認識して適切な戦略オプションを選択していくことが望ましい。

このように整理してみると、筆者の主張は「自動車メーカーでもサプライヤでも加工や素材はどうでもよくて、今後は企画・デザイン・設計がすべてだとでも言いたいのか」と受け止められるかもしれない。ここでは、この仮説に関する筆者の見解を、冒頭で紹介した事例を踏まえて補足していきたい。

自動車メーカーはもはや生産技術・素材技術の革新を求めていないのか

私どもは自動車メーカー勤務の人を対象にした意識調査を行い、自動車メーカーがサプライヤに対してどのような見方をしているか、今後どのような期待を持っているかを分析した。その結果から論点に関する部分だけを抽出すると次のとおりとなる。

❶今後サプライヤが強化すべき能力としては、「開発力」「マネジメント力」と「リスク負担力」が挙げられ、「生産技術力」は「グローバル供給力」とともに相対的には重要性が低下する領域である。

❷分野別の期待値として、「素材」には「設備投資」と「コスト競争力」の強化を求める声が多く、「機能・性能の向上」を目指した「開発力」の強化を望む声は比較的少ない。

この結果だけから判断すると、自動車メーカーは加工や素材の分野での技術革新よりも、企画・デザインや開発分野におけるサプライヤの技術革新を期待しているという仮説は正しいということになる。

生産技術の革新なくして構想力は強化されうるか

だが、自動車メーカーがこのような考え方をするに至った背景を補足しておかなければならない。自動車メーカーの商品面での課題が「企画品質」と「開発生産性」の向上による「構想力」の強化にあることはすでに述べたとおりである。ここでいう「企画品質」とは、「製造品質」の上位概念である「開発品質」のさらに上位概念、「商品企画の品質」のことをいう。

言い換えるならば、「家にいるのと同じくらいラクラクで、街にいるよりもワクワクし、自動車メーカーの社会的・経済的影響力に見合う責任を果たすという商品コンセプトを創出し、そのコンセプトを開発段階・製造段階を通じて劣化させることなく製品レベルで再現させる力」のことである。

だとすれば、加工段階での技術革新は「企画品質」の向上に不可欠だということになる。なぜなら、構想書の段階でいくら斬新で画期的なデザインや機能を持たせたとしても、成型加工段階で再現できなければ、「企画品質」を向上させたことにはならないからだ。

昨今、ハイドロフォーミングが注目されているのは、プレス成型やロール成型などの既存加工技術では実現不可能なレベルで衝突安全性や寸法・曲率精度を実現できたからであり、その結果、安全性やデザインに関する企画品質水準が大きく向上したのである。

また、「開発生産性」とは、商品開発の流れを「商品企画・デザイン」「設計」「実験」「解析」「生産準備（工程・設備開発と作業習熟）」に大別した場合に、直接的にユーザーがありがたみを感じない「設計」「実験」「生産準備」の工程に関わる工数や負荷を最小化して、企画・デザインの錬度や解析水準の向上、コスト削減、開発リードタイム短縮といったユーザーにとってのありがたみを最大化しようとする考え方のことである。

このフローの中で「生産準備」と分類した部分が「生産技術」の領域になる。自動車メーカー側では「生産準備」に属する工程の中で、サプライヤは「設計」から「生産準備」までのすべてを完了させなければならない（自動車メーカーよりも始点は遅く、終点は早くなる）。つまり、サプライヤでの「生産準備」は、自動車メーカーのそれよりもはるかに高い効率を要求されることになる。

自動車メーカー側の「生産準備」リードタイムの短縮がさらに進むのであれば、サプライヤはそれを上回るレベルで「生産技術」の革新が求められ、そうでなければ自動車メーカーの「開発生産性」向上は阻まれる。

このように、実はサプライヤでの生産技術の革新がなければ、自動車メーカーの構想力強化は実現しないのである。

素材技術の革新なくして構想力は強化されるか

ここでも「商品コンセプトを製品に再現する力」を含めたものを「企画品質」と定義すると、素材技術の革新はその向上に不可欠であると考えられる。筆者が好きなクルマの一つが日産ムラーノだが、リア周りのあの美しい三次元造形は、射出成型の樹脂製バックドアによるところが大きいと思われる。

デザイン段階でいくら革新を狙っても、そのデザインを製品に再現できない素材（結果として成型技術）であれば「企画品質」は向上しない。また、「構想力」経営の根幹に関わることとして、せっかくリソースをつぎ込んで独自の商品構想を実現し、それがユーザーの支持を得たとしても、投資回収を果たす前に第三者が安易に模倣できるとすれば「構想力」経営は成り立たない。

そういう意味では、資本の集約である設備投資によって実現可能な製法は、資本力のあるライバルによって模倣されるリスクがある。設計図面も、三次元測定器やラピッドプロトタイピングを多用したリバース・エンジニアリングにより、ある程度は習得可能で、流出の恐れがあると考えるべきだ。そうなると、最後に残るものは素材そのものに関わる技術ということになり、「構想力」強化の局面において素材技術の革新は不可欠ということになる。

自動車メーカーの真意は何か

このように考察すると、自動車メーカーはその構想力強化にあたって、サプライヤの開発力だけを当てにしているわけではなく、加工技術も素材技術も必要としていることがわかる。

しかし、リソースの制限もあり、すべての実現は難しいように思われる。自動車メーカーにとって重要度・緊急度が高い課題とは、いったい何なのだろうか。

ここで自動車メーカーの真意は次のとおりに解釈できるのではないか。

「高い素材技術や加工技術を持つ外部企業を巧みに取り込むことで自らの開発力を強化し、自動車メーカーの構想力強化に資するサプライヤこそが求められている」

いま一度、冒頭で述べた自動車メーカーの課題を再考してみると、商品の構想力強化と並んで、少量生産（多様性）や変量生産（柔軟性）への対応力の強化と生産性の飛躍的向上が挙げられる。そのために製品・工程アーキテクチャや、外部企業とのリレーションの概念までが変化しつつある。

自動車メーカーは、既成概念や自前主義にこだわらず、外部のものでも取り入れられるものは取り入れるべきだと考えはじめている。サプライヤに対しても同じことがいえるはずである。自動車メーカーはサプライヤに対して「マネジメント力」と「リスク負担力」を求めているのだ。「外部のものでも使えるものは使ったらいい。ただ、そのマネジメント業務とリスクは課題が手一杯の自動車メーカーでは負担できない。サプライヤ自身で負担してくれ」というメッセージであろう。

このように自動車メーカーの真意は、外部企業の力を巧みに（「マネジメント力」と「リスク負担力」を発揮して）取り込み、自らの開発力を高めることで自動車メーカーの構想力強化に協力してほしいということであろう。

加工メーカー・素材メーカーに求められるものは何か

高い加工技術や素材技術を持つ企業は、自動車業界以外の企業であっても、自動車メーカーやサプライヤの課題解決の形で、自動車業界への新規参入や事業拡大の機会が到来しているといえる。

だが、加工メーカーや素材メーカーにも課題がある。その技術の持つ価値を目に見えるものにすることだ。端的に言えば、その技術を表象し、価値を体現した製品（自動車部品でも工作機械でもよい）を作り出し、提案していくことである。

というのも、第一に自動車産業は想像力で評価するだけの工数がない。また、第二に自動車産業は細分化されており、専門外の分野への評価能力や経験が不足している。したがって、目に見えない技術を目に見える製品に置き換えていく努力が不可欠なのである。

冒頭で引用したデュポンがライセンスを受けているナノテク素材は、コーティング材という製品の形をとって、時間と危険な化学物質を要する熱硬化工程を省く効果を発揮するという。主なアプリケーションとしては、オイルフィルターやディスクブレーキを挙げている。

また、セイコーインスツルは精密微細加工機の他に、車載用集積回路の生産能力も強化している。同業のシチズンセイミツもＡＢＳ部品、エンジン部品、エアバッグ部品など、目に見える製品を続々と生み出している。

ここで取り上げた企業はいずれも、目に見える製品化を終えて自動車業界への本格参入を実現している。

3 自社の強みを活かすことが業界の常識を変える

2006.11.7

スズキの鈴木修会長、OEM戦略を拡大していく可能性を示唆

スズキが他ブランドへのOEM供給を積極化することを発表した。業界常識に捉われないスズキの事業展開は、顧客防衛率、ブランドに固執せず商品力を磨き上げる姿勢や、インドなどの新興国への積極的な進出においても見受けられる。それぞれ、世界戦略車に対する高い評価やインドにおける過半数近いシェアといった成果につながっており、自社の強みを活かすことで業界の常識を変えた好例といえるだろう。

自動車業界において存在感を増すスズキ

現在、日本のみならず世界の先進国では「日々の移動手段としてのコア機能に特化することにより、低価格化を実現するクルマ」と「移動手段以外の快適性、満足感の最大化を享受するためのクルマ」という二つの大きな流れが存在している。すなわち、低価格商品と高価格商品の二極

化である。

一方で、現在はまだ自動車の普及率が低いＢＲＩＣｓに代表される新興国も今後、徐々にモータリゼーションを迎えることが予想され、一九九〇年には先進国のみで世界販売台数の八割をカバーしていたものが、二〇一〇年には先進国にＢＲＩＣｓを加えなければ八割はカバーできない状況になると見込まれている。そのような状況下においては、先進国をターゲットにした現在の主要自動車メーカーの商品ラインアップだけでは不十分であり、さらに低価格帯の商品開発が必要になる。

実際、トヨタは新興国市場向けに八十万円を下回る乗用車を開発し、二〇一〇年前後にまずインドで発売することを〇六年五月に発表している。

このように、先進国であっても、新興国であっても、低価格帯の商品が求められる状況に変化しつつある現在において、低コストで自動車を開発、生産できる強みを持ち、インド、パキスタン、ハンガリーといった新興国に早い段階から進出していたスズキが、自動車業界において存在感を示してきている。

スズキは元々、ＧＭが二〇％の株式を保有しており、ＧＭグループの一員であった。だが、ＧＭが昨今の経営不振を受け、株式の大部分を二〇〇六年三月に売却したため、独立色が強まり、一層、他メーカーの注目を浴びる存在となった。

存在感の表れともいえるOEM供給

二〇〇六年九月中間決算発表の場で、スズキの鈴木修会長はOEM供給を積極化していくことを発表した。

現在すでに、国内で日産やマツダに軽自動車、欧州でスバルとフィアットに小型車を供給しているが、二〇〇八年からGM傘下のオペル向けにOEM供給を開始する予定のほか、日産にはインドで生産する欧州向け小型車を供給する計画である。

二〇〇六年度の四輪車全体の販売台数が二二二万一〇〇〇台で、このうちOEM供給は五・六%の十二万五〇〇〇台になることが見込まれている。さらに〇九年度には、世界販売目標三〇〇万台のうち、OEM供給を一〇%程度にする方針を打ち出している。

このようなOEM供給の引き合いがあることが、先進国における低価格帯商品のニーズの大きさを物語っているだろう。一般に自動車業界におけるOEM供給というと、OEM供給する側が工場の稼働率を維持するために行うといった印象もある。しかし、今回のケースでは少し趣が異なり、OEM供給する側であるスズキのほうが立場が強い。

それは、日産の二〇〇六年九月中間決算発表にて、ゴーン社長が不調の国内販売について質問された際に「(スズキとの)二社間の契約で軽自動車の供給増大を要望しても無理だった」との回答をしていることからも明らかである。

また、ＯＥＭ供給は受ける側にも、行う側にもメリットがないと成立しない。ＯＥＭ供給を受ける側からすると、市場全体として低価格帯の商品に対するニーズがいくらあるといっても、収益性が低く自社での販売台数を前提に生産を行ったのでは到底割に合わない状態であるならば、低コストで製品を生産できるスズキからＯＥＭ供給を受け、その分、経営資源を販売面に投入したほうがよいという判断となる。

一方で、ＯＥＭ供給を行うスズキからすると、大きな販売コストをかけずに顧客となるＯＥＭ先を獲得することにより大量生産が可能となり、生産コスト低減により競争力を強めることができる。自社ブランドでの販売を考慮に入れても生産量確保によるコストダウン効果は大きい。しかし、いずれにしても世界販売台数の一〇％、十台に一台がＯＥＭ供給によるものというのは大きな割合であり、戦略的に行っていくという意図がうかがえる。

バッジの位置づけ

自動車業界においてのＯＥＭ供給は、例外的なイメージがあるが、自動車業界以外に目を移すと、コンピュータやオフィス機器、デジカメなどの情報通信機器、テレビやビデオなどの家電製品など頻繁に行われており、販売元と製造元が異なる商品は身近にいくらでも存在する。

自動車業界においてOEM供給が例外的であるのは、自動車のバリューチェーンの中で、生産というファンクションが重要な役割を占めているという根源的な理由に基づいている。多数の部品をすり合わせて開発し、組み立てて、ようやく一つの完成品に至るという製品特性を持つため、気軽に生産委託できる類の製品ではない。

そのため、自社のノウハウ、労力で生産したからには、自社のバッジ、ブランドで販売する、したいというのは製品特性を踏まえると、自然な流れであり、業界の常識ともいえる（資本関係に基づくOEM供給は除いて考える）。

そのような業界常識に照らし合わせると、今回のスズキのOEM戦略は特異なものということができるだろう。またOEM供給は、ビジネスの継続性が必ずしも保証されていないため、長期的なOEM依存は経営の不安定要因になるというデメリットもある。それでもOEM供給に踏み切るのは、低価格帯の自動車を求める世界規模の動きが一過性ではないという判断に基づくものであろう。

また、このような特異的な戦略は、自社の強み、ポジショニングを活かした戦略であるともいえる。スズキに代表される軽自動車メーカーでは、「顧客防衛率」など端から眼中にない。ある特定のライフ・ステージやライフ・シーンにマッチするようにセグメントを絞り込み、そこでの商品性を徹底的に磨き上げて、フルライン・メーカーといえども容易に入ってくることのできない参入障壁を築く。そして、そのライフ・ステージやライフ・シーンに達した人たちが嫌でもショッピング・リストに入れざるを得ないところに身を置いている。

このようなブランドによる顧客防衛率を気にしないというポジショニング、戦略の延長線上に、自社のバッジに固執しないOEM戦略も位置づけられるだろう。量販店中心の国内流通チャネルのため、営業力がそれほど強くない一方で、販売コストがかかるという自社の弱みを逆に活かす形の戦略ともとれる。

そして、OEM戦略の一方で、スズキは独自ブランドの「スイフト」「SX4」といった世界戦略車が欧州などの先進国で高い評価を得ていることも注目される。日本ではスイフトが二〇〇六年次RJCカー・オブ・ザ・イヤーを受賞した。これも顧客防御率、ブランドに固執せず、商品性を磨き上げるというポジショニング、戦略がもたらした成果といえる。

強みを活かすことが常識を変えることにつながる

業界の常識に捉われない形で展開されるスズキの製品戦略について触れたが、同社の特徴であるグローバル展開にも同様の要素が見受けられる。

スズキは、ハンガリー、インド、パキスタン、中国といった新興国に海外生産拠点を設けているが、業界においてモータリゼーション進展の基準といわれる一人当たりGDPが二〇〇〇ドルを超えているのは、現在ハンガリーのみである。一方でインドに進出したのは二十五年以上前の一九八一年であり、現在では低価格帯の自動車を中心にシェア四五％を獲得している。

これも、低コストで自動車を開発、生産できるという自社の強みを認識し、その強みが生きる場を常識に捉われず探し求めた結果だろう。モータリゼーションが進展する前の新興国に拠点を設け、自社の強みを活かしてモータリゼーションの想定の水準より低い価格で自動車を提供してきたことが、現在の高シェアにつながった。

そして、トヨタをはじめとする他の自動車メーカーがこのような動きに追随することで、一人当たりＧＤＰが二〇〇〇ドルを超えるとモータリゼーションが進展する、という業界の常識自体が今後変わる可能性も出てくるだろう。

人と同じことはやらないと評されるスズキの事業展開は、業界の常識に捉われず、自社の強みを活かすことが常識自体を変えることにつながるという好例ではないだろうか。

4 クルマにも価格破壊が訪れるのか

2007.5.8

タタ自動車、超低価格車を開発

中国やインドといった新興国の自動車メーカーは、技術面で圧倒的に先行する日米欧の自動車メーカーに対抗するため、低価格車開発を進めてきた。こうした低価格車は新興市場はもちろんのこと、日本のような先進国においても普及の可能性を秘めており、グローバル展開を進める自動車メーカーは、低価格車を「品質レベルの低い安物」と判断するのではなく真剣に開発を検討する必要があるのではないだろうか。

インドのタタ自動車は、二〇〇八年に「二五〇〇ドル」の超低価格車を市場投入すると発表した。「デザインも悪くない」というのが業界関係者の評判である。

中国の吉利汽車は三九〇〇ドルの低価格車を生産しており、スズキはインドで四四〇〇ドルのクルマを販売している。

二〇〇四年に、競合車より約四〇％安い、七二〇〇ドルで市場投入した「ダチア・ロガン」を大ヒットさせているルノーのゴーン社長は「三〇〇〇ドル未満」を目指す。

トヨタ、ＶＷ、フィアット、プジョーは低価格の『ロガン・キラー』を開発すると宣言している。トヨタが開発中の超低価格車は七〇〇〇ドル以下になる見込みで、二〇〇九年にインドやブラジルで発売する予定だ。ＧＭは韓国のＧＭ大宇を使い、ダイムラー・クライスラーは中国の奇瑞汽車を使い、低価格車を開発中である。

販売拡大が見込まれる低価格車

今後の自動車メーカーの開発テーマで、今後の世界の自動車市場を最も大きく左右する開発は、ハイブリッド車でも燃料電池自動車でもなく、既存の価格相場を破壊する低価格車の開発かもしれない。

低価格車の開発は今に始まったことではない。新興市場の代表格である中国やインドにおいて、地場の自動車メーカーは、技術面で圧倒的に先行する日米欧の自動車メーカーに対抗するために、低価格車の開発を進めてきた。

今や世界第二位の自動車市場となった中国においては、これまで、中国国営の自動車メーカーと提携して合弁生産を進める海外自動車メーカーが、この市場を主導してきた。各メーカーとも製品ラインの拡充を進めており、競争の激化に伴い、価格の下落が続いている。かつて海外メーカーが現地生産した十五～二十五万元（約二三〇～三八〇万円）の高級車が市場を牽引してきたが、価格下落が進行した結果、現在では十万元（約一五〇万円）程度の価格帯のシェアが拡大している。これらの購買層は、拡大しているとはいえ、都市部の富裕層が中心となっている。

二〇〇六年の北京の労働者の平均年収は約三・六万元（約五十五万円）であった。この年収相場からすれば、十万元以上の海外自動車メーカーのバッジがついたクルマの値段は年収の三倍以上であり、とても買えるものではない。地場のメーカーがすでに三万元（約四十六万円）程度から商品ラインを展開しているが、品質や製品レベルも向上してきているといわれており、今後、より低い所得層や地方都市に市場が拡大していく中で、確実にシェアを伸ばしていくと見られている。

一方、インドにおいては、さらに低価格化が進んでいる。現在でも四五％程度の圧倒的なシェアを誇るマルチ・スズキ（スズキとインド政府の合弁会社）は、主力車種マルチ８００（旧式のアルトベース）を二十万ルピー（約五十四万円）程度で展開している。これでもインドの年収相場から考えれば圧倒的に高価な買い物であり、クルマがごく一部の富裕層に限られた存在であることには違いない。この市場に今よりも半分近い値段のクルマを投入すれば、確実に購買層が広がるだろう。実際、世界最大級の市場を形成する二輪車の価格相場が五万ルピー（約十三万円）程度と言われており、価格下落に伴い、二輪車ユーザーからの移行も予想される。

すなわち、こうした新興市場において良質な低価格車が待望されていることは間違いない。世界の自動車市場は、今後五年間で一一〇〇万台以上拡大するといわれているが、その大部分は、すでに成熟期に達した先進国市場ではなく、こうした新興市場によるものだと予想されている。つまり、グローバル展開を進める自動車メーカーにとって、低価格車の開発は無視できないテーマとなっているのである。

低価格車の開発状況

インドのタタ自動車は二五〇〇ドルの超低価格車を市場投入すると発表した。吉利汽車や奇瑞汽車に代表される中国の民族系自動車メーカーは、低価格車の海外輸出にも力を入れはじめている。そうした新興市場の自動車メーカーの攻勢を、グローバル展開する先進国の自動車メーカーも無視できなくなってきた。

ルノーが二〇〇四年に投入した七二〇〇ドルの低価格車「ロガン」は大ヒット商品となり、生産が追いつかない状況だという。ダイムラー・クライスラーは〇六年に奇瑞汽車と提携し、低価格車の開発を推進することを発表した。その他、トヨタやＶＷも、ルノー「ロガン」に対抗できる低価格車の開発を進めているという。

市場ごとに環境は多少異なるが、これまで圧倒的な技術力の差を武器に新興市場での販売拡大を目指してきた海外メーカーも、低価格車の開発に注力しはじめたことは間違いないだろう。

先進国市場への展開の可能性

こうした動向が影響を与えるのは、所得水準の低い新興市場に限った話ではないかもしれない。日本でも、二〇〇五年の国内販売に関していえば、「軽高登低」という言葉が印象に残った。登録車の販売が三年連続で減少した中、軽自動車が初の販売台数二〇〇万台を突破したからである。もちろん、軽自動車のメリットは安いことだけではないが、安いクルマで十分と考える購買層は着実に増えているということである。

また、米国でも、原油価格の高騰を受け、燃費の良い小型車への注目が高まりつつある。特に、かつては市場を席巻した大型ピックアップやＳＵＶから、小型ＳＵＶへのシフトが進んでおり、この分野で先行していた日系自動車メーカーに対抗し、米国ビッグ３も商品ラインの充実化を進めている。

欧州においても、かつて主力であったＣセグメントからＢセグメントへの移行が進んでおり、不振であったＡセグメントもシェアを伸ばしている。燃費規制も強化される中、この傾向は今後も継続すると見られる。

こうした先進国市場において、必要最低限の装備を備えた低燃費・低価格の小型車が投入されれば、それなりの販売シェアを獲得する可能性は十分にあるのではないだろうか。

クルマの二極化の進展

現在の成熟した先進国市場においては、低価格化が進んでいるというよりは、原油価格高騰に伴う低燃費志向と、ライフスタイルの多様化に伴うクルマの二極化が進む傾向にあるのではないだろうか。

実際、国内販売市場においても、登録車の販売が一様に落ち込んでいるわけではない。二〇〇六年の輸入車新規登録台数を見ると、全体では若干の減少となっているものの、ＶＷ、ＢＭＷ、メルセデス・ベンツの三大ブランドは前年よりも台数を伸ばしており、特にＢＭＷ、メルセデス・ベンツはともに前年比七~九％程度の増加となった。台数自体が少ないものの、アストンマーチンやベントレーなど二倍前後に拡大させている超高級車メーカーもある。また、〇五年に国内販売を開始しながら、販売不振と言われたレクサスも、旗艦モデルであるＬＳを投入し、回復基調にある。既存モデルよりも高い価格帯であることを考慮すれば、高級車人気が低迷しているとも考えにくい。

つまり、ライフスタイルの多様化が進む中、「クルマ＝移動手段」、すなわち車両価格にも維持コストにも安さを求める購買層と、クルマに性能、ステイタスなどの付加価値を求め、高級さを志向する購買層に二極化が進んでいるのである。

日本で本格的なモータリゼーションが始まって四十年以上経つが、クルマの価格相場は、これまで大きな価格破壊に巻き込まれることなく、高水準を保ってきた。しかし、こうした二極化が進むと、将来的に価格破壊が始まる可能性もある。腕時計のように、一〇〇〇円前後で十分に機能するものが買える世の中で、一部のユーザー向けに数十万〜数百万円の高額な商品も販売される、という時代が到来しても、何ら不思議はない。

そうした時代が来るとすれば、テレビやパソコンなどの家電製品のように、新興市場のメーカーの安価な製品が国内市場に流入し、価格低下を推進する可能性もあるだろう。クルマの価格破壊を礼賛するわけではないが、新興市場のメーカーの製品を「品質レベルの低い安物」と判断するのではなく、価格面でもこうしたクルマと勝負できる低価格車の開発に真剣に取り組む必要があるはずだ。だからこそ、前述のような開発が活発化しているのだと考えられる。

一方でサプライヤは、既存の製品よりも大幅にコストを削減できる素材、部品、製法などの新技術が歓迎されるのは、単に自動車メーカーの利益追求によるものではないと認識すべきである。そのために、新興市場の地場のサプライヤの競争力を、改めて見直すことも有効かもしれない。

5 ミール・ソリューションの発想を自動車業界へ応用する

2006.7.25

独ボッシュと英リカルド、ターボエンジン用ガソリン直噴システムを共同開発

大同特殊鋼、素材・設備の両面から自動車部品の高強度化をサポート

自動車メーカーの人的リソースの希薄化に伴い、サプライヤには従来にはない責任と権限が求められはじめている。こうした動きに対して、サプライヤは部品を供給するだけでなく、ものづくりのソリューションを提供することが求められている。また、一口にソリューションといっても開発・生産プロセスに強みを有する日本の自動車メーカーには開発・生産プロセスを支援するようなソリューション、開発・生産プロセスが弱体化している米国メーカーには、開発・生産プロセスを代わりに行うようなソリューション、というように産業環境に合わせた提案をする必要がある。

自動車メーカーでは、課題が深遠化しながら拡散し、従来のように自動車の開発プロセスすべてに目配りできなくなってきたことから、設計思想、機能のくくり方、業務プロセス、内外組織のあり方など、開発の枠組みの刷新を伴う形で、サプライヤに対する権限と責任の委譲を進めつつある。

ところが、サプライヤはそうした動きを認識してはいるものの、具体的にどんなアクションを起こせばいいのか、従来の仕事の視点や方法のうち、何をどう変えていけばいいのか考えが及ばないこともあるだろう。ここでは、まったくの異業種である食品業界で過去数年間に起きた動きを題材に、そのヒントを提供していくことにしたい。

ミール・ソリューションの発展過程

ミール・ソリューションあるいはホーム・ミール・リプレイスメント（HMR）という言葉をご存知だろうか。では、「中食《なかしょく》」はどうだろう。それもあまり聞いたことがないという人でも「デパチカ」や「ホテイチ」ならご存知であろう。

いずれも一九九〇年代の終わりから二〇〇〇年代の初めに、食品小売業界や外食産業を席巻したマーケティング上のキーワードである。「デパチカ」は一流デパートの地下、「ホテイチ」は高級ホテルの一階にある食品売り場のことを指し、そこで売られる食材が「外食」と「内食《うちしょく》（家庭料理）」

の中間にある「中食」、つまり惣菜である。

惣菜は近所のスーパーでも売られているが、デパチカやホテイチの惣菜にわざわざ「中食」という特別なポジショニングが与えられるのには理由がある。

前者は、家庭料理に取って代わることはない。普通の主婦でも容易に献立やレシピを思い浮かべることができ、時間さえあれば自分で同等以上の味や品質で作れる簡単な料理であり、多忙であるがゆえにやむなくもう一品の付け合わせとして買ってくる「食品（＝Food）」に過ぎない。

これに対して、デパチカやホテイチで売られている惣菜は、場合によっては普通の主婦では献立やレシピの想像すらできず、プロの食材・設備・料理方法を使わなければ再現できない家庭の味を超越した「食事（＝Meal）」であり、家庭料理に置き換えてもまったく遜色がない。中でもデパチカは家庭では副菜の地位にとどまるが、ホテイチはメインディッシュにまでなり得るところが違いだそうだ。

米国では中食のことを、ボストン・マーケットなる外食産業が「ＨＭＲ（家庭料理の置き換え）」と呼んだ。ボストン・マーケットの売りはチキンのあぶり焼きで、それまでスーパーの店内でそれこそ惣菜的に売られていたものを、高級でおしゃれな店構えの専門店に持ち出し、顧客の目の前で大型のオーブンで丸ごと焼き上げた上で切り分け、高品質のサラダやマッシュポテト、コーンブレッドと一緒に販売するスタイルを作った。

多くが共働きで、料理に一日十五分しかかけられないという米国人の主婦が作る家庭の夕食に取って代わってお釣りがくる味と品質ということでＨＭＲと称され、ボストン・マーケットは食品スーパーの惣菜売上を奪うことになった。

これに反発した食品スーパーの業界団体ＦＭＩ（フード・マーケティング・インスティチュート）が、ＨＭＲの上位概念として、食卓の問題やその解決策を体系化したものが「ミール・ソリューション（食事の問題解決）」である。

ＦＭＩは、まず、米国人主婦の料理をめぐる悩みを四つに分類した。

❶料理は好きだし、時間もあるが、献立を考えたり、食材を買い回ったりするのが面倒。

❷調理それ自体は苦痛ではないが、食材の皮をむいたり、切り分けたりする準備や下ごしらえまではしていられない。

❸味付けや温度調整は自分でやりたいが、調理自体は無理。

❹とにかく時間がないからすべてを回避したい。

そして、ＦＭＩはそれぞれの悩みごとに、四つの食品分類を作った。

- ＲＴＰ＝ Ready to Prepare（献立とレシピと食材があらかじめセットされている）
- ＲＴＣ＝ Ready to Cook（調理可能な状態に食材が準備・下ごしらえされている）
- ＲＴＨ＝ Ready to Heat（加熱すれば食べられる）

・ＲＴＥ＝Ready to Eat（そのままですぐに食べられる）

このうち「ＲＴＨ」と「ＲＴＥ」がＨＭＲに相当し、食品スーパー側も店内にボストン・マーケティングに匹敵する本格的なデリコーナーを設けた。

また、「ＲＴＰ」や「ＲＴＣ」の概念の実践として、デリ回りのカテゴリ・マネジメント（効率と顧客満足を上げる売場管理）を行った。つまり、夕食以外（朝食・昼食）のメニューや、ワインやチーズ、花など、関連購買や想起購買を誘引しうる商品の売場をデリの周りに集中的に配置して、ボストン・マーケットにはない、ワンストップショッピングの利便性をアピールしたのである。

日本型のミール・ソリューション

この後、米国では、単なるデリではなく、一流のシェフがオープンキッチンで調理するイーチーズのようなテイクアウト型レストラン、日本では、ロックフィールドに代表されるデパチカ、ホテルオークラやリーガロイヤルなどのホテイチが現れ、「ＲＴＨ」や「ＲＴＥ」などのＨＭＲがより専門化、高級化していく。

だが、少なくとも日本ではデパチカもホテイチも一過性の流行、部分的な浸透にとどまり、家庭料理に取って代わるところまではいかなかった。中食市場の七五％はホームユースではなくパーソナルユースで、しかも中食の利用の六〇％は学校や職場でのランチであって、家庭でのディナーの利用は三〇％にとどまるのである。

日米のＨＭＲの発展の違いには、両国の家庭事情も大きく影響している。米国ではほぼすべての年代を通じて成人女性の七五％が就業しているのに対して、日本では正社員を夫に持つ妻の五五％がいわゆる専業主婦である。近年、パートタイム家庭が増加したことにより、専業主婦比率はたしかに減少してはいるが、二〇年前と比べて九ポイント低下したに過ぎない。

こうした違いを背景として、ミール・ソリューションは日米で違う方向への進化が求められている。

米国のミール・ソリューションは必ずしもＨＭＲにとどまらないものの、基本的には仕事を持つ主婦の調理の手間をいかに省くかを主要課題としている。では、日本の家庭における主要課題は何だろうか。

二〇〇〇年にある食品会社が行ったアンケート調査によると、全国の主婦の食卓に関する悩みの第一位は「料理の献立を考えること（約六割）」、第二位は「後片付け（約三割）」で、「調理プロセスそのもの」は第三位で約一割の回答に過ぎなかった。

つまり、依然として自分の手で夕食を作ることを主婦が使命と考える日本の家庭事情において、マニュファクチュアリングやアッセンブリーの工程を誰かが代行することはそれほど期待されておらず、商品企画や製品、設備、工程の設計、開発やリサイクルに関する提案を行うことこそが真のミール・ソリューションだと考えることができる。そして、その商品企画または設計・開発の提案においては、日本の主婦が重要と考える三つの要件をクリアしておかなければならない。

第一に「食の安全」である。昨今、生産者の顔が見える、氏素性（トレーサビリティ）のはっきりした、オーガニックな食材がブームである。他の要件をクリアしていても品質管理がきちんとなされていなければ調達対象にはならない。

第二に「食の健康」である。重要なことは漏れなく重複なく栄養を摂取することであって、塩分、糖分、カロリーを過剰摂取しないよう、バランスに配慮することも食事を預かるものの使命である。

そして第三に「食のコスト」である。デパチカやホテイチが本格的に家庭の夕食のＨＭＲとして普及しなかった最大の原因がここにあると考えられるが、いかに専門的で高級な料理であっても、それが家庭料理の代用品となるためには、予算や目標原価の枠内に収まるものでなければならない。

これら三要件をクリアした上で献立、食材、レシピの提案を行うミール・ソリューションが日本の外食産業、食品業界に求められていると考えられる。

自動車業界の二つの事例

ここで、冒頭に引用した二つの事例の位置づけ、意味合いを確認してみたい。

第一に、ドイツの電装品サプライヤであるボッシュは、ＧＭの市販車「キャデラックＣＴＳ－Ｖ」に搭載可能な形で、可変バルブ機構とターボチャージャ、ガソリン直噴機構で構成される高出力・低燃費・低排出ガス化システム「ＤＩブースト」を開発した。

重要なポイントは、「市販車に搭載可能な状態」にまで仕上げた製品であることだ。

人の命を預かり、ワランティやＰＬのリスクに晒され、各国の法規制に厳しく監視される自動車という商品には、食品と同様に、「安全」「健康」「コスト」の三要件が課されている。とりわけ世界中どこにでも移動し、どこでどのような条件で使用されるかを制限できない自動車という商品は、一層これらの要件が重くのしかかる。自動車メーカーは、家庭の食事を預かる主婦と同等以上の基準でこれらを評価せざるを得ないからだ。

米デルファイを抜いて、今や世界最大のサプライヤになったボッシュとはいえ、自動車メーカーではない以上、そのまますぐにでも自動車メーカーが採用可能な製品を開発することはできない。

そこで同社は英リカルドとパートナーシップを組んだ。リカルドは、ＢＭＷ傘下に入ったＭＩＮＩの開発を丸ごと請け負っているほど自動車を知り尽くしたエンジニアリング会社である。ボッシュが開発したエンジン制御のシステムを、リカルドがエンジンに組み込み、車両トータルでの最適化のためのチューニングを施した結果、その気になれば自動車メーカーがすぐにも商品ラインナップに組み込めるものが作り出された。

いわば、これは温めれば食べられるRTHまたはそのまま食べられるRTEを外食産業側から提案したものであり、イーチーズやデパチカ、ホテイチが提供する中食を体現したものだということができる。開発や生産現場が弱体化して専業主婦がほとんどいない米国の自動車メーカーや、近年パートタイムの形で家庭離れを起こしつつある日本の一部自動車メーカーにとっては、ありがたいミール・ソリューションと受け止められる可能性がある。

第二の事例が、大同特殊鋼が発表した新素材と試作加工設備やシミュレーションソフトの貸し出しのパッケージ提案である。同社は、以前から歯車など疲労強度と対磨耗性が要求される自動車部品に対して真空浸炭素材を提供してきたが、鋭角成型部分での過剰浸炭組織発生を防止できる新素材（DEG鋼）を開発した。それと同時に、自社の技術センターの量産テスト炉を増設し、作業を簡便化するソフトウェアとともに顧客に試作設備を提供することで、真空浸炭技術・素材の新たな活用を提案すると発表している。

こちらの事例は、食材を提供する食品スーパーが専業主婦に対して、食材、レシピ、設備をまとめて提案する「料理の献立提案」というミール・ソリューションを自動車業界に展開したものと見ることができるのではないだろうか。

日本でも自動車メーカーの人的リソースは徐々に分散希薄化しており、従来のように自動車に関わる諸問題を一手に引き受けることは物理的に難しくなっているのは事実だ。しかし、産業システム全体のコントロールタワーの役割を放棄したわけではなく、調理にあたる開発や生産のプロセス自体には今も自信と愛着を持っている。日本では今も多くの自動車メーカーが専業主婦であることにこだわりと誇りを持っており、必ずしも調理の手間を省いたＨＭＲを欲しているわけではない。

そうした産業環境においては、献立提案こそが最も重要なミール・ソリューションであるといえよう。また、献立提案にあたっては、専業主婦のこだわりである「安全」「健康」「コスト」の三要件を無視しては成立しない。「安全」は品質管理であり、「健康」は軽量化や低燃費・低排出ガスであり、「コスト」は文字どおり「コスト」である。

「食品スーパー（Food Maker / Distributor）」が「食事の問題解決（MealSolution）」への転換を迫られたように、「部品メーカー（Parts Maker / Supplier）」にも「ものづくりの問題解決（Engineering Solution）」への転換が迫られている。

6 国内大手サプライヤ統合のすすめ

2006.1.24

光洋精工と豊田工機の合併新会社「ジェイテクト」誕生

大手サプライヤが今後も事業基盤を拡大していくには、自動車メーカーのグローバル展開に対応しながら、自動車メーカーのリソース不足を支える開発力が求められる。さらなるIT化・電子化が進む今後の自動車業界において、企業規模の面で欧米サプライヤに遅れをとっている日系サプライヤは、システム化、モジュール化に対応する上でも積極的な統合・再編などにより、企業規模を拡大していくことが必要となる。

二〇〇五年五月に発表されたとおり、光洋精工と豊田工機が合併し、ジェイテクトとなった。両社は当初、〇六年四月の統合を予定していたが、「統合効果」をいち早く発揮するために、合併を三カ月早めた。

今回のジェイテクト設立は、アドヴィックス、トヨタ紡織に続く、トヨタの大手系列サプライヤ統合としては三件目となる。世界一の完成車メーカーであるトヨタは、そのグローバル戦略を遂行する上で、主要サプライヤの各社の開発や設備などのリソースの重複を省き、競争力を強化するために、こうした再編を進めているものと考えられる。

ここでは、3C（Customer、Competitor、Company）の切り口で、グローバル展開を進める国内大手サプライヤの統合の狙いと効果について考察してみたい。

Customer：日系完成車メーカーとの関係の変化

伝統的に系列関係に支えられてきた国内の完成車メーカーとサプライヤの関係であるが、二十一世紀に入り、着実に変化が起こっている。系列の崩壊とグローバル化に伴う、サプライヤの二極化の進行である。

その根本にあるのが、ここ数年の国内完成車メーカーの慢性的なリソース不足である。グローバル展開を進めると同時に、環境・安全などさまざまな分野で次世代技術の開発を求められる完成車メーカーにとって、開発リソースの確保は大きな課題であり、これがサプライヤマネジメントにも新たな流れを起こしつつある。これまでのように、完成車メーカーが主体で開発を行い、サプライヤを指導しながら系列全体の発展を目指すという関係から、サプライヤを選別し、機能重視の部品分野においては主体的に開発を任せられるサプライヤとの関係を強化する一方で、コスト重視で調達を進める部品分野については系列に囚わることなく調達する、という傾向が強まってきている。

リバイバルプランで系列解体の方針を明確にし、資本関係を解消するか、四〇%以上を出資する連結子会社とするかの二つに整理した日産が最も顕著な事例といえるが、トヨタ、ホンダにおいても、系列外からの取引を拡大したり、主要サプライヤへの出資比率の引き上げなどを行っており、この二極化の流れは国内の自動車業界全体に波及していると考えられる。

つまり、大手サプライヤが今後も事業基盤を拡大していくためには、完成車メーカーのグローバル展開に対応しながら、リソース不足を支える開発力を持つことが求められる。

Competitor：欧米系サプライヤとの比較における日系サプライヤの特徴

世界の生産台数の三割強を占める日本の完成車メーカーは、グローバル規模でも大きな存在感を示している。では、世界の自動車部品業界において、日系大手サプライヤはどのぐらいのポジションにあるのであろうか。

Automotive News によると、二〇〇四年の世界自動車部品メーカー連結売上高ランキング上位十社は次のとおりである。

ここ数年、米GM、フォードの不調の影響もあり、米系サプライヤが若干低迷しているものの、

◆自動車部品メーカー　連結売上高ランキング（2004）

順位	会社名（国）	連結売上高	前年順位
1位	Robert Bosch（独）	27,200	（2位）
2位	Delphi（米）	24,104	（1位）
3位	Magna（カナダ）	19,937	（6位）
4位	デンソー（日）	19,927	（3位）
5位	Johnson Control（米）	19,500	（7位）
6位	Visteon（米）	17,700	（4位）
7位	Lear（米）	17,000	（5位）
8位	アイシン精機（日）	15,508	（8位）
9位	Faurecia（仏）	13,327	（9位）
10位	Siemens VDO（独）	11,600	（11位）

単位：百万ドル
出典：Automotive News ホームページ

それ以外には大きな変動はない。米欧の大手サプライヤに比べて、日系サプライヤはまだまだ小規模であり、上位十社に入っているのは、デンソーとアイシン精機の二社のみである。

ちなみに、同ランキングで上位一〇〇社に入っている企業数でも、北米三十九社、欧州三十五社に対し、日本は二十五社と劣勢である。

一方、部品の外部調達率は、欧米系完成車メーカー（約五〇％）よりも日系完成車メーカー（約七〇％）のほうが高く、各完成車メーカーの直接取引企業数においても日系完成車メーカーのほうが少ない。

これらを踏まえると、次のような日本の自動車部品業界の特徴が見えてくる。

・系列構造により、ティア1サプライヤとその下請企業となるティア2、3サプライヤが明確に階層化されている。

・外部調達率が高く、ティア1サプライヤがシステム化、モジュール化を進める土壌はあるものの、企業再編自体はあまり進んでおらず、充分な効果が発揮されていない。

また、この世界自動車部品メーカー連結売上高ランキングには、部品分野にも特徴がある。上位二十社のすべてが、「電装部品」「内装部品」「外装部品」「駆動・伝導・操縦部品」を取り扱うシステム・モジュールサプライヤなのである。これは、私どもが二〇〇四年六月に国内完成車メーカーを対象にアンケート調査を行った際に、完成車メーカーがシステム化、モジュール化の進展を期待する分野とも一致する。

つまり、統合・再編などにより積極的にシステム化、モジュール化を進めることで、日系サプライヤは企業規模を拡大していく余地が充分に残されているといえるのではなかろうか。

Company：システム化・モジュール化の進展を機会と捉える

前述のとおり、顧客である完成車メーカーは、グローバル展開への対応に加え、開発力のあるサプライヤとの関係を強化しようとしている。言い換えれば、開発領域における権限や責任を任せられるシステム化への対応が可能なサプライヤを求めている。システム化、モジュール化の両方の側面からサプライヤへのアウトソースが進められることも少なくないため、しばしば混同されるが、この二つの違いは次のとおりである。

システム化……部品の機能的な統合であり、主に開発のアウトソーシングを進めること。たとえば、エアコンシステムは、エアコンの機能に必要な部品の集合であるが、納入時に一体化されているものではない。

モジュール化……部品の物理的な統合であり、主に生産（組み立て）のアウトソーシングを進めること。たとえば、フロントエンドモジュールは、ヘッドランプ、ラジエタ、バンパーなどを一体化したものであり、組み立て済みのモジュールとして完成車メーカーに供給されているが、機能的に統合されているものではない。

前述のとおり、世界の大手サプライヤは、システム化、モジュール化を軸に規模を拡大しており、IT化・電子化が進む今後の自動車業界において、この傾向はさらに進むと予想される。日系大手サプライヤも、これをチャンスと捉え、事業拡大することが求められているのではなかろうか。

今回のジェイテクトの誕生の背景には、グローバル展開やシステム化への対応といったトヨタの期待があることは間違いない。しかし、今回の合併におけるシナジーとして、トヨタ向けのビジネス以上に、トヨタ以外、特に海外完成車メーカーとのビジネスを拡大させることを狙っているのであろう。

これは、吉田新社長の「世界の自動車部品業界でベスト10以内を目指す」というコメントからもうかがえる。光洋精工と豊田工機両社の二〇〇四年度売上高の合計は約七十億ドルであるが、十位以内に入るためには約一二〇億ドルにまで拡大する必要があるからである。

両社の二〇〇四年度のトヨタ向け売上高比率は、豊田工機が五三・九％であるのに対し、光洋精工はわずか一二・七％である。光洋精工は欧州完成車メーカーからも着実に受注を増やしており、トヨタ依存比率を下げてきている。今回の統合により開発リソースの強化が可能となれば、海外完成車メーカーとの取引をさらに拡大することも期待できる。

こうした統合・再編を伴う事業拡大を、完成車メーカー主導で行われるものと捉え、受け身になっていては、チャンスを逃すことにもなりかねない。日系完成車メーカーの海外生産台数が一〇〇〇万台レベルに達する今、ＧＭ、フォードの低迷に悩む北米サプライヤとの資本提携など、思い切った事業拡大を考えるいい機会ではなかろうか。

7 素材メーカーへの期待と成功要因

2006.9.12

ヘッドアップ・ディスプレイが自動車業界におけるプラスチック需要を喚起

業績が好調な自動車業界を目の当たりにし、多くの樹脂メーカーが自動車関連事業の強化を目指しており、自動車業界側でも軽量化やモジュール化のためのソリューションとして樹脂への期待が高い。樹脂メーカー側での自動車業界に対する理解不足が相思相愛関係の障壁となっているケースも一部見受けられるが、さらなる自動車業界の発展のためにも樹脂メーカーの積極的な参入が期待される。

樹脂の事業環境の変化

Automotive News によると、ヘッドアップ・ディスプレイを装備する自動車が二〇〇八年に一〇〇万台、二〇一〇年には四〇〇万台と急速な普及が見込まれることで、フロントウィンドーの中間膜（PVB＝ポリビニルブチラール）をはじめ、樹脂メーカーに自動車特需が生まれつつあるとのことである。
たしかに今、樹脂メーカーの鼻息は荒い。私どもにも素材メーカー、とりわけ樹脂メーカーの方々からの相談が相次いでいる。相談の内容は次のようなものである。

「これまで自動車部品の素材供給者として、間接的な形で社内のさまざまな事業部が最終的に自動車に搭載されるような製品を納め、それなりのビジネスになっている。だが、最近になって『自動車業界をもっと体系的に主体的に攻めることを考えろ、最も大きく成長の早い産業に対して各事業部が相互連携もなく、間接話法で部品メーカーから言われたものだけ作っていたのでは機会損失も甚だしい』というトップの檄が飛んだ。そこで社内に自動車専門タスクフォースを作ることになったのだが、どうしたらよいだろうか」

自工会（日本自動車工業会）の資料によると、日本車の生産台数は二〇〇二〜〇五年の三年間に国内生産だけでも一〇二五万台から一〇七九万台に五・二％増加し、海外生産も含めると一七九〇万台から二一四〇万台に一九・五％も増加している。一方、経済産業省の化学統計年報によると、同期間のプラスチックの生産量は一八六五万トンから一九二〇万トンに三・〇％増加したのみである。
また、日本プラスチック工業会の資料によると、世界のプラスチック消費量のうち八％が自動車向けである。世界最強の自動車産業をもち、全産業に占める自動車の各種比率が高い日本では自動車用のシェアがはるかに高くてもおかしくないが、実際には七％と世界平均を下回っている（世界平均を上回るのは建材や日用品、農業用）。

体積比では、すでに樹脂が自動車の全原材料構成のうち二七・〇％と、スチールの三〇・六％と肩を並べるまでに成長しているという見方もあるが、自動車にもっとフォーカスすることで樹脂産業が成長力や付加価値をより高められるのではないかという期待が出るのも、もっともである。

樹脂メーカーの成功要因

燃料代の高騰が続く追い風の事業環境を考えれば特にそうだろう。しかし、逆にいえば、このことは軽量性のみを売りにした材料置換がいかに難しいかを示しているともいえる。「体重が人間の健康のバロメータであるのと同様に、重量は自動車メーカーの技術力のバロメータ」と言われるように、運動性能、安全性能、燃費性能、その他の環境性能すべてにおいて自動車に軽量性が求められることは間違いない。

だが、軽量化の方法は材料置換だけではない。荷重分散、断面形状や締結方法の変更など、設計の工夫だけで相当の軽量化が可能で、伝統的な部品形状に囚われずに「要は〇〇の機能を果たせればいいのだろう」といった機能主義的な発想の転換が軽量化を実現することも多いという。

高張力鋼板など鉄鋼材料側の軽量化技術の革新も進んでいるし、非鉄金属との競合もある。競合という意味では、樹脂には自動車の素材としてはきわめて重要な意味をもつ機械的特性（引っ張り強度や曲げ剛性、対衝撃性など）や耐熱性、難燃性、寸法安定性などの面で競合素材に対する物性面での弱みがあり、コスト面でも不利である。

したがって、樹脂が本格的に自動車産業を攻めようとするならば、そうした不利を補うとともに、軽量性以外に樹脂ならではの使い方の提案、自動車メーカーや自動車ユーザーにとってのうれしさ・ありがたみの提案が不可欠である。

冒頭に引用したヘッドアップ・ディスプレイがもたらすうれしさは、いうまでもなくドライバーの視線移動を最小限にすることによる安全性の向上であり、これは「交通事故死傷者数ゼロ」などの企業目標を掲げる自動車メーカーの戦略にも合致する。そしてその実現は、機械工学の自動車メーカーや電気工学のエレクトロニクス部品メーカーの知恵と力だけでは困難であり、樹脂メーカーの化学的・光学的アプローチが必要とされる。

燃料タンクには、基材としてＨＤＰＥ（高密度ポリエチレン）が使われることが増えている。ＨＤＰＥの成型加工性の良さを活かして燃料タンクの形状やレイアウトの制約を取り払い、自動車のパッケージングの改善（要はスペースを確保しながら車体を小型化すること）ができるという、うれしさ・ありがたみがあることが採用の理由である。

ＥＶＯＨ（エチレンビニルアルコール共重合）は、燃料タンクのバリア層の主力の地位を占めるようになり、エンプラのＰＯＭ（ポリアセタール）、スーパーエンプラのＰＰＳ（ポリフェニレンスルフィド）、熱硬化性樹脂のＰＦ（フェノールフォルムアルデヒド）なども燃料系部品への採用増が見込まれている。これらに共通するのは、耐ガソホール性（アルコール混合ガソリン使用下での耐久性）である。

トヨタは二〇〇七年、ブラジルにＦＦＶ（フレックス・フュエル・ビークル。燃料に最大一〇〇％までアルコールを混ぜても劣化しない自動車）を投入すると発表しており、他の日本車も続くと見られている。ブラジルだけでなく、世界最大の自動車市場である米国でも、減税と補助金によってＦＦＶが本格的に普及する可能性がある（あまり高くなさそうだが）ため、自動車メーカーは放置しておけないのである。アルコール浸漬で膨潤による強度低下が見られる樹脂もあるが、ライバルのアルミは腐食による質量と強度の低下を生じることが明らかなために、耐ガソホール性の高いこれらの樹脂に注目が集まっている。

ＰＢＴ（ポリブチレンテレフタレート）も自動車での採用が増えているエンプラである。車内外すべての情報をセンサやレーダ、カメラで検知してハーネスやＬＡＮでＥＣＵにつないだりハイブリッド化したりすることで、安全性能や環境性能を高めようとする自動車メーカーの戦略の実行を電気的特性に優れたＰＢＴが支援・促進した結果である。

また、ＰＰ－ＧＦ（ガラス長繊維強化ポリプロピレン）が車体部品のあちこちに採用されるようになり、特にフロントエンド、バックドア、ドアトリムなどのモジュール基材として重宝されている。

自動車のものづくりはＱＣＷＴが命題である。Ｑ（高品質化）、Ｃ（原価低減）、Ｗ（軽量化）、Ｔ（リードタイムとサイクルタイムの短縮）である。

モジュール化は、部品点数を削減して一体開発、一体成型加工することにより、部品間のインタフェースの不整合やバラつきをなくし（Ｑ）、重複する投資や工数を減らし（Ｃ）、質量寸法のムダを省き（Ｗ）、サプライチェーン全体での手待ち・手戻りを減らす（Ｔ）ことを可能にする。

そのモジュールの基材に選ばれたのが樹脂である。金属や他の素材では、さまざまな形状や大きさをもつ複数の部品を一括成型することができない。中でもコストが安く、サイクルタイムの短い射出成型に向いているのが汎用熱可塑樹脂であり、その中でも比重や耐熱性が最良で、強度・剛性補強材との相性のいいＰＰ（ポリプロピレン）が選ばれ、ガラス長繊維を加えたものがＰＰ－ＧＦである。

当初は射出成型の過程で繊維が切れてしまうという問題があったが、樹脂の粘度を抑えることで解決され、その後、一気にモジュール基材としての地位を高めたと聞いている。

このように見てくると、自動車産業における最近の成功事例はいずれも、単に軽量化を目的とした材料置換ではなく、軽量化にとどまらない自動車産業の多様な課題やニーズをさまざまなレベルで吸収・咀嚼し、それに対するソリューションを素材面から提供したものだということがわかる。

現在、この役割を担っているのがティア1サプライヤだが、成功事例は樹脂メーカーにまさにティア1になること、そうでなくともティア1並みの理解と提案を要求していると読めるのである。樹脂メーカーのトップが指示したことと同じことを自動車メーカー側でも求めているということで、相思相愛の関係ということになる。

相思相愛の関係ができたのには他にも事情がある。プリウス登場以前の日本車メーカーは、欧州発の技術シーズと製品規格、米国発の市場セグメンテーションと商品企画を取り入れ、日本の品質と生産性で作り込むことで世界最強の競争力を獲得した。だが、トヨタが世界一の自動車メーカーになったことに象徴されるように、世界の頂点に立った日本車には、技術シーズも製品規格も、市場セグメンテーションも商品企画も自ら創造していく構想力こそが問われることになったのである。それと時を同じくして、自動車メーカーの開発リソースは世界に分散して希薄化している。樹脂に関しては、もともと自動車メーカーの中でも専門家の数が限られており、事態はより深刻である。樹脂メーカーにはこのような制約をブレークスルーするようなイノベーションが期待されているのである。

樹脂メーカーの課題

ところが、樹脂メーカー（のみならず広く素材メーカー全般）が最も不得手としているのが、このティア1並の理解と提案らしい。理由は主に次の三つのようである。

第一に、樹脂メーカーは従来、自動車部品メーカー（ティア2のこともある）を一義的なカスタマーとしてきたから、自動車メーカーとの間で理解と提案のためのコミュニケーション・チャネルが少ない。

第二に、樹脂メーカーと自動車メーカーはまったく別の競争環境、下請構造、商習慣、バリューチェーン、業務プロセス、対象顧客層で仕事をしてきたため、異なるプロトコルが発達しており、コミュニケーションがなかなか成立しないので理解が進まない。

第三に、樹脂メーカーは製品（自動車部品）加工の知識や能力を持たないので、概念や理論での説明や素材技術の提案になりがちだが、素材そのものへの知識や関心が薄く、現地現物意識の強い自動車メーカーは形あるものでなければ信用せず、評価もできないので提案が受け入れられにくい。

こうした事情から、相思相愛の関係が実際にはなかなか成就していないというのが現実だが、いつまでも足踏みしているわけにはいかない。自動車産業は統合的ですり合わせ型のものづくりを必要としており、基本的に内製（系列内調達を含む）至上主義である。前述したような背景からようやく外部に門戸を開いたものの、外部に信頼できるパートナーを見つけさえすれば、数年以内に再びその門戸を閉じるだろうと思われるからだ。

ヘッドアップ・ディスプレイの例でも、世界最大のガラス中間膜メーカーである米ソルーシアが自動車メーカーとタッグを組んで共同開発に努めている。ヘッドアップ・ディスプレイには、どんな座高のドライバーが、どんなシート調整をして、どんな姿勢で運転していても、昼でも夜でも、適正な位置で即座に確実に視認でき、前方視界を遮らない、といった機能が求められる。また、インパネの表示情報をガラス内部に投影するわけだから、インパネの表示能力やガラスの傾き、シートとガラスとの距離など自動車側の設計に合わせた個別対応が求められる。

こうした課題を自動車メーカーと一緒になって解決していくうちに、樹脂メーカーは自動車メーカーの身内となっていく。別の樹脂メーカーと仕事をすると、一からやり直しになることを自動車メーカーは嫌がり、結果的に参入障壁が築かれることになる。

つまり、開いた門戸はいずれ再び閉じることになるので、乗り遅れないようにしなければならない。自動車業界にとって最高の素材ソリューションを提供できる樹脂メーカーが、出足の遅れによってチャンスを封じられるとしたら、自動車業界にとっても不幸である。

8 部品メーカーと投資ファンドの新しい関係

ユーシン、旧リップルウッドによる増資の払い込み手続きが完了

2006.4.18

日本の自動車業界においては、受注は好調ながらも、自動車メーカーの海外設備投資に追随していくことで財務的に窮している部品メーカーも存在する。そういった部品メーカーは、ユーシンがＲＨＪインターナショナルの資金を活用したように、新たな成長戦略を描くため、投資ファンドの効果的な活用を検討してもよいのではないだろうか。

ユーシンは、米国の投資ファンドのＲＨＪホールディングス（旧リップルウッド・ホールディングス）が同社に資本参加することで合意したと発表した。ユーシンは、キーセットなどを製造する電装部品メーカーであり、ＲＨＪグループはユーシンの筆頭株主となる。ＲＨＪグループは、ナイルス、旭テックと、日本の自動車部品メーカーへの投資を加速させている。

ＲＨＪホールディングスの子会社ＲＨＪインターナショナルがユーシンの実施する第三者割当

増資を引き受ける。ユーシンが発行する新株は六四〇万株で、ＲＨＪインターナショナルは一株につき一二四四円、総額七十九億六一六〇万円を出資する。ユーシンへのＲＨＪインターナショナルの出資比率は二〇・一％となり、筆頭株主となる。

今回、ユーシンは調達した資金約八十億円を、主に日系自動車メーカーの生産が拡大している海外での生産拠点の強化に活用していくとのことである。

部品メーカー領域で投資ファンドが投資を実行するというニュースを久々に目にした。

これまで投資ファンドによる部品メーカーへの投資というと、二〇〇〇年前後に日産、三菱自動車といった自動車メーカーの経営再建過程において、系列部品メーカー売却の受け皿になるというケースが多く見受けられた。日産系列部品メーカー、キリウのＭＢＯに伴うユニゾン・キャピタルからの出資などはその代表的な事例である。

そのような関係ゆえに、日本の自動車業界全体が好調になってからは、投資ファンドによる部品メーカーへの投資は、一時期に比べ、明らかに減少していた。

今回、ＲＨＪインターナショナルが出資したユーシンも、一見して業績が不調だったというわけではない。実際、売上高は伸長しているし、平成十七年十一月期も赤字などではなく、十億円程度の当期利益が出ている。

にもかかわらず、設備投資の資金を定石どおり銀行からの借り入れで賄うのではなく、なぜ投資ファンドから調達するのか、という疑問が生じる。調べてみたところ、そこには、一見、グローバル化の進展で、活況を呈しているように見える自動車業界における部品メーカーの課題と、今後の投資ファンドとの新たな付き合い方が浮かび上がってきた。

では、今回の事例をユーシン自身が発表している平成十七年十一月期の決算短信の情報をもとに、企業活動の基本である「販売・マーケティング活動→サプライ活動→財務活動」の流れに沿って見てみよう。

販売・マーケティング活動

売上高が伸長していると述べたように、グローバル供給の一括受注も含め、ユーシンは現在、国内外メーカーから多くの受注を成約している。

国内においては、マツダ・フォード、スズキ・GM向けにそれぞれグローバルカー用のキーセットなどの部品受注が決まったほか、ホンダ向けの新規受注も拡大している。

また、海外でも、欧州、中国、タイなどにおいて、さまざまな国内外メーカーからの受注が決定している。

◆ユーシン 売上高推移

平成15年11月期	51,913百万円
平成16年11月期	54,520百万円
平成17年11月期	62,834百万円

サプライ活動

ユーシンは、好調な受注活動に対応するため、グローバルレベルでサプライ体制の整備に努めており、国内、中国工場の増築に加え、タイ、ハンガリー、米国でも設備投資を実施し、その額は総額で約五十七億円にのぼる。

そのためユーシンの売上高設備投資比率は、約九％ということになる。自動車メーカーの売上高設備投資比率を見てみると、トヨタが唯一一〇％超であり、日産やホンダなどは四～五％である。それと比較しても、ユーシンの設備投資活動は活発といえるだろう。

財務活動

このような活発な設備投資の資金を賄うために、ユーシンは数年来、銀行からの借り入れを増加させており、有利子負債の残高も以下のように推移している。

また平成十七年十一月期決算の短期借入金約一〇〇億円のうちの半額以上に当たる約五十五億円が年内に返済期限が到来するものであり、年度末の現金残

◆ユーシン 有利子負債残高

平成15年11月期	21,750百万円
平成16年11月期	23,830百万円
平成17年11月期	26,875百万円

高約一〇〇億円からそれを差し引くと、手元に残る現金が大幅に減少する状況であった。一方で、債務償還年数（有利子負債／営業キャッシュフロー）も数年来、悪化していた。そして今回、ＲＨＪインターナショナルからの出資を仰ぐことで現金残高はほぼ平成十六年度末と同じ水準に戻ることとなった。

このように「販売・マーケティング活動→サプライ活動→財務活動」という一連の企業活動の流れを見ると、世界各国で受注は好調であるものの、その供給のための設備投資により、銀行借り入れが増加し、財務バランスが徐々に崩れ、投資ファンドからの出資をあおいで財務バランスを立て直したという構図が見えてくる。

そして、このような課題に直面している部品メーカーは、今回取り上げたユーシンだけではあるまい。現在、自動車メーカーは世界的に拡大する新市場でのシェア確保を目指し、海外展開を積極的に進めている。こうした海外展開に対応できない部品メーカーは、グローバルレベルでは取引関係を解消されかねないため、グローバルサプライヤを目指そうとするならば、多少の背伸びをしたとしても、自動車メーカーの動きに追随していかねばならない。

売上高六〇〇億円超の規模のユーシンでさえそうなのだから、ティア2、ティア3といった部品メーカーであれば、海外展開に伴い資金的に窮しているとこ

◆ユーシン 債務償還年数

平成15年11月期	7.4年
平成16年11月期	16.9年
平成17年11月期	32.2年

ろも少なくないだろう。

しかし、考え方を変えてみれば、現在、日本の多くの企業は構造改革が終わり、成長軌道に乗りつつある。投資ファンドなどはむしろ投資案件の発掘に苦労している状態である。このような状況だからこそ、部品メーカーは投資ファンドの資金をてことして活用し、さらなる成長を目指すということを考えるべきではないだろうか。

投資ファンド側も成長が見込める事業に対しては資金の提供を惜しまないし、今回のユーシンとＲＨＪインターナショナルの事例のように、投資先との友好関係を重視し、過半数を取得するということはしないなど、投資のスタンスも変化させてきている。

このような部品メーカーと投資ファンドの新たな関係により、部品メーカーのグローバル展開がさらに加速すれば、現在、好調な日本自動車業界がさらに成長することにつながるのではないかと考える。

コラム◇AYAの徒然草

秘書もプレイヤーに！

みなさんは、「秘書」と聞いてどんなイメージを思い浮かべますか？気配り上手、世話好き、頭の回転が速い、気転が利く、言葉遣いやマナーが完璧、華やか、バッチリメイクでハイヒールに上質のスーツを着て颯爽と歩く……こんなところでしょうか？

「秘書業務」は華やかに見えがちですが、実際は雑用も多く、人のために奉仕をする「縁の下の力持ち」なのです。上司の身の回りのお世話やスケジュール管理、会議のセッティング、出張のアレンジ、取引先の慶弔関係の諸手配、来客の対応などは当然、上司が出張などで不在時に、業務が滞りなく進むようにすることも重要な仕事の一つです。

そして、上司の気分が良くない時には、優しい声をかけ、少しでも気分を和らげ、上司のメンタルな部分のケアもできれば言うことはないでしょう。

また、一言で「秘書業務」と言っても会社の規模によって業務内容はかなり異なります。大企業だと他部署との会議の調整など、全社的な視点でアレンジするような大掛かりな業務もあります。一方、私どものように小さな会社だと、会社の経営に直結する立派な基盤業務の一つにもなってきます。

いずれにしても、一般的には、秘書は「表舞台」には立たずに、「裏方」で支える秘書が模範的な秘書だと思われてきたような気がします。

インターネットやeメールなどのIT化が進んだ現代、さまざまな情報を容易に調べることができるようになり、世界中の人々とリアルタイムで連絡が取れ、とても便利になりましたよね。そのおかげで秘書業務もかなりスピードアップされました。

たとえば、出張のアレンジ一つにしても、以前はぶ厚い時刻表を開いて一番早い行程を調べ、電話やFAXで旅行代理店にチケットの手配を依頼していましたが、今では、行程もチケットの手配もネットで簡単にできるようになりました。

また、取引先とのアポイントも、以前は相手の都合を見計らいながら電話をかけていましたが、今は時間を気にせずにeメールを一本入れておけば連絡を取ることができます。それに、ワードやエクセルを駆使することで、取引先への挨拶状のような、量が多く作業も面倒な書類作成も、簡単かつ迅速にできるようになり、秘書業務は一昔前と比べてかなり効率化されているのではないでしょうか。

そんな秘書業務が効率化された現代、秘書が別の領域でも活躍できるようになればいいなぁと思うのです。文明の利器により業務が効率化され、これまでの古典的な秘書に求められていた素養とは変化してきていると思うからです。

私は以前、月に一度開催するセミナーの司会者に挑戦しました。それまで私は受付を担当していましたが、自ら手を挙げて司会を担当させていただきました。大勢の前で進行をすることはとても勇気のいることで、緊張のあまり前日は眠れませんでした。

でも、私が司会を担当することで、それまで男性社員が担当していた時とは一味違った雰囲気を出せると考えたのと、自分の新たな可能性を開拓したいと思ったことが自ら名乗り出た動機でした。

そして、受付から司会者への役割変更は、「裏方」から「表舞台」への変身でもあったのです。「裏方」専門だった秘書業務の枠から飛び出した気分でした。でも、秘書である私が出した結果がそのまま上司の評判につながるという意味では、社長秘書としてのプライドよりも、背負いきれないほどのプレッシャーを感じての挑戦でもありました。だって、私のミスで上司の顔に泥を塗るようなことがあっては絶対にいけませんからね。毎回、是が非でも成功させせないといけなかったのです。

このように、社長秘書の立場である私が出した成果は、良くも悪くもそのまま上司の評判に直結します。秘書の私が「私」として活躍できる場があり、それが結果的には上司をサポートすることにもなる。そんな「表舞台」から支える秘書の一面と、気配りや優しさを持ち、良い人間関係を築く手助けができる「裏方」の一面の両方を兼ね備えた秘書を私は目指しています。自動車で言うなら、ガソリンエンジンと電気モータのいいとこ取りをしたハイブリッド車のようなイメージでしょうか。

みなさんにも、ご自分の秘書やアシスタントがいらっしゃると思います。ただ業務を指示するだけではなく、なぜこの人とこのタイミングで会うのか、なぜこの作業を今すべきなのか、ほんの些細な説明も面倒くさがらずに伝えることで、秘書に当事者意識を与え、モチベーションを上げることができるはずです。また、秘書業務に線引きをせず、秘書やアシスタントが活躍できる場があれば積極的に勧め、脚光を浴びる機会を作ってみて下さい。秘書も立派な戦力なのです。秘書の活用は、自分の仕事の効率につながるはずです。それに、仕事のデキる人ほど秘書を活用しているように思いますよ。

近年、国内市場は少子高齢化や市場の成熟化の影響により、縮小傾向にあるものの、自動車のパーソナルモビリティとしての役割は、社会から依然として必要とされている。自動車メーカーはこのような母国市場の要請に真摯に向き合っていく必要があり、そこでの経験が日本に遅れて少子高齢化を迎え、市場が成熟する欧州や中国への布石にもなるだろう。

しかし、自動車に対する消費者ニーズが変化する中で、従来どおりの販売やマーケティング手法の延長線上で臨むのみでは、市場のさらなる縮小を招くだけである。今こそ自動車が消費者に提供する価値や国内市場の事業モデルといったことを改めて見直す時期に来ている。

まず、自動車が消費者に提供する価値については、市場の成熟化に伴い、自動車への憧れが薄れ、自動車を単なる移動手段としてしか見なさない消費者が増加すると、自動車を購入、保有することの投資対効果が問われることになる。こうした傾向は特に公共交通機関が発達している都市において顕著である。消費者の考えの変化に対応するためには、購買時の資金負担が軽い残価保証型ローンや個人リース、また、自動車を利用した分だけ利用料を支払うカーシェアリングといったクルマの新しい形を自動車業界から積極的に提示していく必要があるのではないだろうか。

また、価値の訴求方法という点においても、これまでの慣例を疑ってみる価値があるだろう。従来、自動車は多種多様なオプション設定に代表されるようにさまざまな選択肢を消費者に提示してきたが、現在のような市場縮小局面では、選択肢の多さが消費者を混乱させ、結果的に自動車から興味が遠のくことにもつながりかねない。逆転の発想をすると、今後は、むしろ選択肢を絞込み、消費者に提示するという戦略も考えられる。

一方で、国内の事業モデルについては、これまで自動車メーカー各社は当然のことながら新車販売に注力してきた。しかしながら、新車市場が低迷する現在、新車販売だけでなく、ディーラーでのサービスや中古車といった自社のバリューチェーン全体を強化することに努めるべきである。

具体的には、ディーラー拠点数を最適化しつつ、整備入庫の確保と中古車下取りなどを自動車メーカーが積極的に支援し、系列ディーラーが安定的に収益を確保できるような事業体制を整えていくことが肝要である。

また、新車以降のアフターマーケット市場は不透明な取引がまだまだ多いので、透明性・納得性の導入だけでも新商品・サービスとして消費者に受け入れられる可能性がある。中古車買取の透明性を高めることで消費者の支持を得たガリバーインターナショナルはその好例である。

いずれにしても、日系自動車メーカーが今後もトップランナーであるためには母国市場である国内市場の活性化が必要であり、そのためには消費者に対して自動車の新しい形や価値を提示していくことが重要である。

1 二〇一五年の国内自動車市場は縮小しているか

2007.7.30

米上院、自動車平均燃費規制（CAFE）の強化をめぐり、妥協案で合意

韓国政府、高齢者向けの自動車を開発へ

近年の国内自動車市場縮小は、ガソリン代や保険といった自動車自身の維持費の上昇も一因と考えられる。裏を返せば自動車を利用するという行為自体はそれだけ景気変動といった環境変化の影響を受けにくいということができ、今後、高齢化や地方財政緊縮化が進展する日本においては、より一層パーソナルモビリティとしての機能が求められるだろう。二〇一五年に向け、このような市場の要請に対し、日本の自動車メーカーは真摯に向き合っていく必要がある。

この問題を取り上げる理由はなぜか

一九九八年より前に六〇〇万台を割り込んだ後、五九〇万台前後で安定的に推移してきた国内自動車市場が二〇〇六年、もう一段階落ちて五七〇万台の水準となった。いよいよ少子高齢化の影響が表れはじめ、ついに中長期的な衰退の前兆が出たと見る向きが多い。

自動車販売協会連合会（自販連）は、新車販売台数どころか保有台数までが、二〇一八年以降（中でも東京は二〇一一年以前に、その他六道府県も二〇一六年以前に）減少に転じると予測している。〇七年十月に開催された東京モーターショーは八年ぶりに乗用車と商用車が同時に出展される賑やかなものになった。一方で、欧米メーカーの中には、アジアで複数のモーターショーに出展するのは非効率だとして、東京を避けて中長期的により重要な北京・上海のモーターショーにシフトする動きも出てきている。オートバックスセブンやガリバーインターナショナルなど主要なアフターマーケット関連事業者も急ピッチで海外進出を進めている。

日本では世帯構成が極限まで最小化されている上に、すでに一世帯に一台以上自動車が普及しており、中長期的には市場縮小は避けられない傾向にはあるだろう。しかし、本当にそんなに早く国内を見切ってしまっていいのだろうか。見切る前提に立てば国内専用の製品開発は凍結されてしまうだろうし、販売網の整理も急がざるを得ない。大きな方向転換であるから、多大な時間を要する上に、一度縮小に向かえば後戻りはできない。きわめて重要で慎重な判断が要求されるからである。

自動車需要停滞の主犯は誰か

かつて自動車の購入や維持に回されていた家計の支出が、携帯電話やインターネットなどの通信費や教養娯楽費に回されてしまったとか、住宅ローンや教育費の負担が重くなって自動車どころではなくなったという俗説があるが、これらは事実ではない。

総務省統計局の家計調査によれば、二〇〇一〜〇六年までの六年間に、家計の消費支出はおよそ月一万五〇〇〇円減少した。中でも減少幅の大きいのは、お小遣いや交際費など「その他の消費支出」で、月額七〇〇〇円弱減少している。次いで「食費」が月四〇〇〇円弱の減少、「住居」「被服および履物」「教養娯楽」（いずれも月一八〇〇円前後の減少）「家具・家事用品」（月一三〇〇円弱）「教育」（月四〇〇円弱）の順番となっている。

逆に、この六年間で最も家計支出が伸びているのが、「自動車関係費」を含む「交通・通信」で、月九〇〇〇円強増加している。支出の増加幅ではトップの「保健医療」と同水準である。

「交通・通信」にはバス・鉄道など公共輸送の運賃や、携帯電話代など通信費の支出も含まれるが、公共輸送関連は月七〇〇円弱減少し、通信費の増加は月額九〇〇円程度にしか過ぎない。「自動車関係費」は、他の交通・通信費に圧迫されて減少するどころか、月額六〇〇〇円強（二〇〇一年一万六五〇〇円、二〇〇六年一万七一〇〇円）増加しているのである。

実は、自動車購入費用を圧迫しているのは、自動車自身であると考えられる。「自動車関係費」の主要なアイテムは「自動車購入費」と「自動車維持費」の二つであるが、前者が二〇〇一年（月額約五一〇〇円）から二〇〇六年（同三九〇〇円）にかけて月額一二〇〇円（二三％）減少しているのに対して、後者は同じ期間に約一万一二〇〇円から約一万三〇〇〇円に月額一八〇〇円増加している。その主因はガソリン代と任意自動車保険料にある。つまり、自動車の維持にお金がかかるために、代替のためのお金が捻出できなかったのが二〇〇六年の市場急落の要因の一つになったという仮説が立てられる。携帯電話代はお小遣いや交際費の削減で捻出されており、自動車の買い控えの主要因とは言いがたい。

もちろん、ガソリン代の増加は、世界的な原油相場の高騰を石油元売業界が小売に転嫁した結果であり、自動車保険料の増加は、交通事故の増加分を損保業界が保険料に反影させたことが一義的な要因である。だが、自動車業界側ではこのように考えるべきだろう。

もし、あと二〇％（ガソリン代の増加分）燃費に優れた製品を開発していたら、販売台数の落ち込みはなかったかもしれない。また、予防安全に優れた製品を開発して事故件数をあと五％（保険料の増加分）減らしていたら、売上は下がらなかったかもしれないと。

冒頭に挙げた米上院の妥協案を読み返してみると、北米自動車産業は自らを傷つけているように思えてならない。当初の法案は、二〇二〇年、一ガロン当たり三十五マイル（リッター十四・七㎞）を達成した後、毎年四％ずつ改善し、二〇三〇年にガロン五十一・八マイル（リッター二十一・八㎞）を自動車メーカーに義務づける内容だった。しかし、産業界の反対で二〇二〇年の水準で打ち止めの内容で決着したのだ。

もう一つ重要なことがある。消費支出が月額一万五〇〇〇円も減額される中で、自動車関係費はわずかでも逆に増額しているという事実は、パーソナル・モビリティという価値の、景気変動や構造変化に対する剛性がいかに高いかを示している。このことは誰に対して、どのような価値をもつ自動車を提供する者が、この市場でしぶとく生き延びることができるかを示唆しているといえるのではないだろうか。

国内自動車市場のオポチュニティとリスクは何か

家計調査を別の角度から眺めていると、面白いことに気づく。収入と消費支出と自動車関係費支出の三つの間にいくつかのねじれが見られることだ。

日本の全都市平均（勤労者世帯）では、家計収入は月四十四万九〇〇〇円、消費支出は同二十八万二〇〇〇円、自動車関係費支出は同二万円である（二〇〇六年）。この平均を県庁所在地ごとの家計と比較してみると、次のような現象が見える。

❶日本で最も家計収入の高い地域は、北陸、東北、中京、四国に分布している（トップは金沢の五十六万八〇〇〇円、ついで福井の五十三万六〇〇〇円）。

❷逆に、家計収入の低い地域は、関西、北海道、九州である（最低は那覇の二十九万九〇〇〇円、ついで大津の三十三万九〇〇〇円）。

❸家計収入の割に消費支出が少ないのは、名古屋、千葉、和歌山の各都市と山陰（全都市平均では勤め先収入の六三％が消費支出に充てられているが、名古屋では五五％にとどまる）。

❹逆に、家計収入の割に消費支出が多いのは、前橋、仙台、新潟、甲府の各都市のほか、関西や九州の都市である（前橋では家計収入の八三・八％が消費支出に回っている）。

❺家計収入の割に自動車関係支出が少ない地域には、東京、横浜、大阪など大都市が入り、これは予想どおりだが、和歌山、秋田、岡山、松江、奈良、熊本、高松など地方都市でも同様で、総じて東北、中国、四国、九州では自動車関係支出が相対的に少ない（全国平均は四・六％、東京は二・二％）。

❻逆に、家計収入の割に自動車関係支出が多いのは、金沢、新潟、前橋、神戸、甲府、宇都宮など、関東周辺と日本海側の各都市に多く、北陸、中京、南九州にも多い（金沢は家計収入の九・〇％を自動車関係に支出している。全都市平均は四・六％）。

❼消費支出の割に自動車関係支出が少ないのは、❺の各都市のほか、北九州、長崎、大津、仙台などが挙げられる（全国平均は七・二％、東京は三・五％）。

❽逆に、消費支出の割に自動車関係支出が多いのは、主に❻と同様の傾向（最高の新潟は消費支出の一二・七％、ついで金沢の一三・六％）だが、神戸（九・九％）、名古屋（九・八％）、千葉（八・一％）などの大都市もここに入る。

この中で特に注目したいのは、当然のことながら❺〜❽である。そこに国内自動車市場のオポチュニティとリスクが潜んでいるからである。

❺や❼に見られるとおり、東京、横浜、大阪などの大都市では収入や総支出の割に自動車関係支出が少ない。だからといってそこにオポチュニティがあるとは言い切れない。交通インフラが発達した都市では、維持費のかかる自動車を購入する積極的な理由がないことが主な原因だからだ。一方で、神戸、名古屋、千葉のような少し規模の小さい都市で、収入や総支出の割に自動車関係支出が多いのはどうしてなのかは検証してみる価値がある。

また地方都市でも、収入や総支出の割に自動車関係支出が高いところもあれば、低い地域もある。だが、低支出地域には未開拓の自動車市場が残されている可能性があり、「見込みなし」と安易に切り捨ててしまうのではなく、高支出地域の事情や戦略を検討し、活かせるものを見出すべきである。

ここでは、自動車の購入台数ではなく支出金額を見ている。そのため相対的に支出の低い地域では、台数は多いものの、単価が低い可能性がある。その場合は、どうしたら単価の引き上げを受け入れてもらえるかが検討課題になる。

逆に高支出地域といっても、高額車だけが購入されており、台数としてはまだオポチュニティを残している可能性もある。

リスクという点では、相対的に自動車支出の高い地域は、総じて比較的所得も貯蓄高も高いということを考慮しなければならない。これらの地域では社会の高齢化がひときわ速いスピードで進行しており、退職金を得て年金生活に入ったクラスターが多いからこそ、現時点での所得や貯蓄が多いとも考えられる。

しかしながら、社会を賑わせているように年金の財政は危機的な状況にあり、すでに給付水準は低下しはじめている。日本の家計貯蓄率は、三・一%と一九九〇年代半ば頃の米国の水準まで落ち込み、数年以内にマイナスに転じると見込まれており、現金での買い物やローンの頭金捻出に支障が出てくるものと予想される。

一方で、保健医療の必要性は増加するが、国家保険財政や地方行政財政もまた厳しい状況にあり、自己負担の増大を余儀なくされることになる。その上、高齢化が進むと運転に必要な認知、判断、操作能力の物理的低下も否めない。国内自動車市場を下支えしてきた地方都市が高齢化のリスクに晒されているのである。二〇一五年の自動車市場が縮小しているとする説の根拠の一つはそこにある。

需要創出と社会秩序維持は誰の務めか

ここで、財政破綻した夕張市のことを取り上げてみる。日本が抱える構造的な問題と根が通じていることを考えると、おそらく数年以内に第二、第三の夕張が日本全国に現れるだろう。そこまでいかなくても、地方の医療を支える病院や交通を担っている公営・第三セクターの公共輸送はどこも財政的に回らなくなり、廃止や減便を余儀なくされている。今後、高齢者の増加に伴って最も必要となるインフラが危機に瀕しているのである。

そうなると、地方から中核都市や大都市に住民の移動が始まると思われる。しかし、中核都市や大都市側にも受け入れの余力はそれほどなく、たとえ受け入れが可能だったとしても、この国は後進国と同様の社会に陥る可能性がある。つまり、首都や一部の大都市だけに人口のほとんどが集中し、その結果、都市はスラム化し、荒廃した地方は反社会的勢力の温床となるのだ。

また、人間の尊厳についても考えてみなければならない。数年前に徳大寺有恒自動車文化研究所の所長から聞いた話が忘れられない。「欧州人は市民革命によって封建社会からの自由を得たのではない。産業革命によって移動の自由を手にしたときに初めて自由になったのだ」という話だ。「欧州ではなぜATの普及が遅れたのか」という話の中から出てきたコメントだ。

「人間の自由や尊厳は政府や制度によって保障されるのではなく、自らの意思で自らの行動をリニアにコントロールできる能力によって実現するものであり、欧州人のDNAには、ATがそれに反すると刻み込まれている」というのが彼の主張であった。

若干、大げさな気はするが、欧州人はケチだからというだけでは説明しきれない部分を補完する話だと思う。

再び夕張の話に戻るが、日本が後進国的な社会と化すことは絶対に避けなければならない。また、どんなに年を取って多少は身体が不自由になっても、自分の身の回りのことは自分自身でケアし、必要なら自らハンドルを取って病院に行くことのできる尊厳ある人生を最後まで送りたいと思う。パーソナル・モビリティこそが文明の進歩と人間の尊厳の証である。おそらくほとんどの日本人に共通する思いではないだろうか。

そのようなことは国が考えればよいことだと思われるかもしれない。だが、もし日本の自動車産業がこうした問題に向き合わず、自らできることがあっても何ら回答を出さずに、若者向けのかっこいいクルマや生産性の高いクルマを作ることばかりにのぼせているのだとしたら、これまで優秀な人的リソースの継続的供給を受けて「Made in（または by）Japan」のブランド構築の恩恵を受けてきた日本社会への裏切りであって、日本車メーカーを名乗る資格はない。これは、日本車メーカーとしてのアイデンティティに関わる問題であり、企業の存在意義を問われる本質的な問題なのである。自動車に対する需要を作るのも潰すのも、結局は自動車産業自身なのである。

自動車メーカーの打ち手とその意味は何か

冒頭の記事によれば、日本以上の少子化に直面している韓国では、政府が音頭をとってシニア向け自動車の開発を進めるという。

では、日本の自動車メーカーにできることは何だろうか。

第一に、製品開発面では、圧倒的に優れた燃費性能をもつとともに、人の認知、判断、操作の漏れや誤りを補完し、年齢や能力にかかわらず交通事故を予防する、究極のＡＳＶ（先進安全自動車）を開発してガソリン代や保険料などの維持費負担をミニマムにすることである。

第二に、販売流通面では、個人個人の事情や嗜好を完全に把握するＣＲＭシステムの開発とコーチング、インテリアコーディネータやヘルスケアなどの能力をもつコンサルタントの育成、さらには、世界に一台しかない受注生産型かつ独自仕様のパーソナル・モビリティの発注を手伝う購買代理人オフィスを全国に配置することである。

第三に、生産や物流面では、世界に一台しかない自動車づくりを最短のリードタイムと最小のコストで実現できる究極のＢＴＯ（Build to Order）型生産ラインとＳＣＭシステムを作ることである。

第四に、金融面では、残価保証型ローンを普及させ、どうしても生産・販売効率面から高価なものになりがちなパーソナル・モビリティを、貴重な貯蓄を取り崩さずに獲得する手段を提供することである。

このような手立てを打っていった場合、二〇一五年の国内自動車市場は果たして縮小しているだろうか。すでに見てきたように、パーソナル・モビリティという価値は景気変動や構造変化に対して持続可能《サステナブル》である。しかも、社会の高齢化と行政の財政悪化により、移動の自由を伴う尊厳ある人生への期待値は高まる一方で、交通インフラの利便性の低下は免れず、パーソナル・モビリティ需要は一層増大すると予想される。経産省は人口動態変化を踏まえ、家計の「交通・通信」支出は二〇〇〇年を一〇〇とした場合に、二〇一五年には一一一・七まで増大すると予測している。これは保健医療の伸び（一〇〇→一一四・九）と大差ない水準である。

また、ここまで主にシニア市場を中心に述べてきたが、生産年齢人口の減少により一層の社会進出が期待される女性層にとっても、世界に一台しかない自分仕様の時間・空間づくりの魅力度は高いと思われる。

従来以上にパーソナル・モビリティを必要としながらクルマを諦めるシニア層、現在は軽自動車で我慢している女性層、その両者が集まる地方都市には未開拓のオポチュニティがあると考えられ、自動車産業の創意工夫で潜在需要を顕在化できれば、二〇一五年の国内自動車市場はそれほど悲観的なものではないかもしれない。

そしてこれらの施策を日本で先行することは、世界に先駆ける意味ももつ。欧州の多くの国々は、日本に少し遅れて少子高齢化社会に、中国も二〇三〇年には二人に一人が六十歳以上の超高齢化社会を迎える。その先行実験を体験済みの日本の自動車メーカーは、二〇一五年以降も世界をリードする立場に立っているのではないだろうか。

2 国内市場での下位メーカーの戦い方

2007.9.4

トヨタ、高級ミディアムSUV「ヴァンガード」発売

販売が低迷する国内市場では投入できる資源の豊富な上位メーカーが有利であり、市場はより一層、寡占化の方向に向かう。下位メーカーは単なるニッチプレーヤーに陥らないポジショニングやイノベーション・ジレンマの少なさを活かした大胆なチャレンジを行い、市場に対して明確なシグナルを発信していくことが有効である。

セグメントとセグメントの間を狙う動き

トヨタは二〇〇七年八月、高級中型SUV「ヴァンガード」を発売した。高度な走行性能と上質なデザインの両立を追求し、「プライベートからフォーマルまで対応できるようにした」（渡辺捷昭社長）という。三十〜四十歳代ファミリー層と五十歳代夫婦を中心に、年内に一万四〇〇〇台の販売を目指す。

「ヴァンガード」は、「ＲＡＶ４」の全長を拡大した北米向け「ＲＡＶ４」をベースに開発した国内専用車であり、三列シート七人乗りと二列シート五人乗りの二モデルを設定。全長は四五七〇㎜、全幅は一八一五～一八五五㎜と中型セダンと同等に抑え、扱いやすくした。

上級車には、排気量三・五リッターのＶ型６気筒エンジンを搭載。走行状況に応じ前後輪のトルク配分とステアリングやブレーキを電子制御する４ＷＤシステムで走行安定性と低燃費を実現させた。燃費は、三・五リッター車がガソリン一リットル当たり九・六㎞、二・四リッター車が十二・六㎞だ。

トヨタの渡辺捷昭社長はインタビューの中で、「『ヴァンガード』は、『ハリアー』と『ＲＡＶ４』の間のセグメントを狙っている。幅広い状況で使える新ジャンルの車で、市場に先駆けて投入した」と述べている。

このように最近、国内市場ではすでに存在するセグメントとセグメントの間を狙った商品が目につく。二〇〇七年二月にホンダから発売された国内専用車「クロスロード」などもＳＵＶとミニバンの中間に位置づけられる商品であり、ＳＵＶでありながら三列シートを備えるという構造は、今回の「ヴァンガード」にも共通するものである。

上位メーカーに有利な国内市場

既存セグメントの間を狙う動きの背景には、成熟化が進み、販売が低迷している国内市場をなんとか活性化させようという自動車メーカー各社の意向が存在する。

第一部の第七章で、新たな需要の芽は「間」に潜んでいることについて言及したが、まさに現在の国内市場は、顧客ニーズをより細かく分析し、既存のセグメントの間の、より細分化されたセグメントに対して新たな商品を投入していかなければ、なかなか需要が喚起されない状態だ。

しかし、より細分化したセグメントのそれぞれに商品をあてがう手法は、リソースが潤沢な上位メーカーしか採用できないのも事実である。

前述の「ヴァンガード」と「クロスロード」は、どちらも国内専用車であるが、メーカーによっては、成長する海外市場を抱える中、国内市場でしか投資回収の見込みがない国内専用車を開発することがリソース的に難しいという場合もあるだろう。

しかしながら、国内市場で需要を獲得するためにはセグメントの細分化とそこへの商品投入が必要だとすると、リソースのある者はどんどんシェアを拡大していく一方で、リソースのない者はどんどんシェアを落としていくことになり、市場は一層、寡占化に進むことになる。

実際、二〇〇二年度には四二％だった登録車におけるトヨタのシェアが、二〇〇六年度には四八％まで拡大しているのを見ても、トヨタの一人勝ちの状況が進展していることがわかる。

国内市場での下位メーカーの戦い方

では、このような国内市場の状況に対して、リソースが潤沢とはいえない下位メーカーはどのように対応していけばいいのだろうか。いくつか方向性を模索してみたい。

まず、守りを固めるという意味では、現在の収益構造を見直し、事業規模を市場に合わせて適正サイズへと縮小するということは必要だろうが、前述のように上位メーカーが国内市場を重視し、一層の深掘りを行っている状況においては、守りだけでは国内事業そのものが縮小均衡に陥ってしまう恐れがある。

下位メーカーが国内市場で一定の存在感を発揮しつづけようとするならば、守りだけでなく、現在のポジショニングを逆手にとったような、攻めの戦略も必要となる。

そう考えた場合、まず検討されるのは、少ないリソースを広範なセグメントに分散しながら、リーダーに追随していくフォロワーの立場からセグメントを絞り込み、相対的にそこへ手厚いリソースを投入することで存在感を発揮する、ニッチャーの立場への転換だろう。

しかしＢＭＷのように、高級セグメントに絞り込み、十分な収益性を確保するようなニッチャーの立場になることは容易ではない。ブランドが一朝一夕には形成されていかないからである。

このようなニッチ戦略により、一定の存在感と収益性を確保していくのは困難が伴うものだが、絞り込むという手法にはまださまざまな検討の余地があるのではないかと思われる。

異業種の事例だが、絞り込みの手法として個人的に関心を持ったものに、数年前からアサヒ飲料が発売している「ワンダ　モーニングショット」という缶コーヒーがある。この商品は「朝専用」缶コーヒーというのが売り文句であり、朝、たとえば出社後に缶コーヒーを購入する際に「朝専用」が消費者心理をくすぐる。

しかし、缶コーヒー全体の売上の七、八割は朝の時間帯に集中しているのである。つまり、顧客から見れば、時間帯を指定することで絞り込んでいるように映るため訴求力があるのだが、メーカーの立場からすると七、八割の顧客はカバーできていることになるのである。

これは個別製品単位の事例であるが、今後、下位メーカーが自社のポジショニング変更を検討する際に参考になるのではないだろうか。スズキ、ダイハツといった軽自動車メーカーは軽自動車と小型車に絞り込んでいるわけだが、国内販売の中心が軽自動車、小型車へとシフトしてくるにつれ、図らずもワンダ　モーニングショットと同様に、絞り込みつつも広い範囲の顧客をカバーするという状況になっている。

そして、今後の自動車市場の変化を考えると、絞り込むためのキーワードは軽、小型といった製品セグメントとは限らない。たとえば、今後の人口動態の変化から高齢者はどんどん増加するだろうし、自動車利用の観点からすると女性が運転するケースも増える。また都市部においては、週に一回しか自動車を利用しない人という絞り込み方をすれば、都市部のほとんどのドライバーが該当するだろう。

以上はあくまで例であるが、絞り込み方次第では、ある程度の顧客規模を確保しながら、訴求力を高めるということも可能ではないだろうか。

成熟市場ではこれまで以上に強いシグナルを

また、自社のポジショニングを活かすという観点からすると、本来的には下位メーカーこそ既存のルールに囚われない戦い方をしやすいはずである。上位メーカーであればあるほど既存のルールの恩恵を受けて上位に位置しているからである。

そう考えると、たとえば、将来に備え、都市部で徐々に顕在化しつつあるカーシェアリングなどの動きにメーカーとしていち早く対応するということも考えられる。

この動きはこれまで「所有」していたものを「利用」へと切り替えることにつながりかねないため、上位メーカーであればあるほど、既存事業との食い合いを懸念するはずで、下位メーカーのほうがより取り組みやすいのではないだろうか。

すでにオリックス自動車などは主に首都圏において、レンタカー、リース、カーシェアリングを顧客のニーズに合わせて切り替えて提案するという活動を展開しはじめており、メーカーとしてこういった動きに追随、提携するということも選択肢の一つである。

実際に、都市部は公共機関が発達しているため、最初から自動車を「所有」する意思がなく、そのまま所有に至っていない世帯も多いと推測される。そういった世帯が「利用」によって車の利便性を感じ、「所有」することを検討するケースも出てくるかもしれない。

また、下位メーカーは消費者にブランドこそ認識されていても、購入の検討段階までは至らないということもあるだろう。これも「利用」を通じて「×××の車はいい」という声が上がってくるかもしれない。

いずれにしても成熟市場は上位者優位の市場環境である。自動車という製品自体への関心を失いつつある消費者は、次第に積極的な情報収集を行わなくなり、シェアや販売ランキングといったものに左右された結果、日常、目に触れることが多く、信頼できそうな上位メーカーの製品を選びがちである。

成熟市場では、下位メーカーこそ自らのポジショニングを活かしたシグナルを送り、その存在を消費者から認知してもらうことが必要だろう。

3 新規参入企業に期待すること

オートネーションが、ＫＢＢ価格を全面採用

2007.9.18

米国では日本と異なり、ケリー・ブルー・ブック（ＫＢＢ）のように一般消費者向けに中古車の適正価格情報を提供する企業が存在する。日本でもＫＢＢのようなビジネスを成立させるためには、複数のオートオークションや中古車情報メディアが保有する自動車売買データを集約する仕組みやデータフォーマットの統一などが必要となる。停滞する自動車市場を活性化するためには新たな価値創造が不可欠である。

米最大手の自動車ディーラーのオートネーションは、二〇〇七年十月から在庫中古車両のフロントウィンドーとウェブサイト上に、ケリー・ブルー・ブック（以下ＫＢＢ）が提供する車両価格を掲載することを決定した。

ＫＢＢは、書籍およびウェブサイトを媒体として、米国における自動車（中古車および新車）の推奨小売価格、下取り・買取価格、個人間売買価格などを提供している独立企業である。

オートネーションのゲイリー・マーフコット上級副社長によると、これまで同社は「ブラック・ブック・オンライン」と「インテリプライス」のデータを活用していたが、今後はＫＢＢの価格とロゴに統一して消費者向けに訴求していくことで、価格の透明性と信頼性を確保していくとのことである。

消費者認知構築に必要な所作

最大手ディーラーがＫＢＢを採用した理由のうち、最大のものは、やはり消費者のＫＢＢ認知度が圧倒的に高く、「自動車の価格を調べるならＫＢＢ」というデファクトスタンダードになっていることにあるだろう。

ＫＢＢのホームページによるとＪＤパワー調査でＫＢＢは、八年連続の顧客訪問回数トップを誇り、その他競合三社を合計した数を上回るとのことだ。その結果、ＫＢＢの分析によれば、在庫車両のフロントウィンドーもしくはウェブサイトにＫＢＢ価格を提示しているディーラーは、掲載していないディーラーよりも販売につながる可能性が一・七三倍も高いとのことである（Automotive News 記事）。

こうした消費者認知を構築するために必要な所作には、次の三つが重要である。

❶しつこいほどの繰り返し

ＫＢＢが初めて自動車価格をまとめたものを出版物として流通させたのは一九一八年で、実に第一次世界大戦中のことである。これほど昔から、継続的に自動車の価格を世の中に発信しつづけた結果として、今日のＫＢＢのブランドは構築されたのである。

実は、この「継続行為」は、資本市場から流動的な資金を調達している大手企業、特に上場企業にとっては実施が困難である。これは、個々の消費者のマインドにブランドが定着するのに必要な期間が、一般的に資本市場において貨幣が一カ所（一企業）にとどまり、リターンを期待する期間を超えるケースがほとんどであることに起因する。

一昔前までの日本企業の特徴であった「持ち合いと間接金融」といった固定的な資金供給に基づく長期的な視野に立った経営は、昨今、スピードと流動性の欠如により否定されることが多いが、「継続したしつこい経営を行う」場合は必ずしもマイナスばかりではなかった。そのため、大手企業などに限って事業に手をつけるところで先行しても、結局は「行動のしつこいほどの継続」には至らず、失敗に陥るケースが散見される。

❷最終購入者である消費者への価値伝達

Ｂ２Ｂ領域におけるデファクト化を進め、業界での認知が高まっただけでは、消費者レベルでの認知が高まることにはつながらない。

ＫＢＢの場合もその長い歴史の途中までは、自動車関連事業者への下取価格をはじめとした流通価格の伝達にとどまっていたが、その後消費者への同価格情報提供を開始し、特にインターネットの発達に伴い、この方向性を明確にしたことにより[1]、消費者マインド内での認知構築に成功した。最終購入者の認知獲得さえできれば、すべての事業者の価値源泉を握ることになり[2]、その結果、たとえ細かな評点差で事業者間の価格妥当性に議論が発生したとしても、あくまでも基本は消費者認知を確立した企業の情報がベースとなる状況が生まれる。

❸競合間で一番になることの大切さ

消費者は、たとえば自動車の価格情報を提供してくれる事業者という認知以外にも、その他生活全般を上手に過ごすための知恵を多数覚えないといけない。よって、少なくとも消費者視点で見た場合の一つのエリアで、真っ先に思いつく存在になることは重要である。前述のとおり、ＫＢＢは従来オンリーワンであり、競合の参入後もナンバーワンでいつづけている。

▼1　当初、一九九五年に kbb.com 上で価格レポートを消費者向けに有料配布していたが、三週間で無料へと切り替えた。

▼2　たとえば自動車流通事業者を想定すると、一義的な取引先が他事業者であったとしても、最終的には消費者が支払う車両本体小売価格やその他付帯サービスの末端価格の一部を受け取っているに過ぎず、最後は消費者が価値源泉を握っているといえる。

日本でＫＢＢに相当する事業者が存在しない理由

一方、日本国内を見渡すと、ＫＢＢに相当する中古車流通価格の標準を「消費者向けに」提供する事業者が存在しないことがわかる。前述した三点を兼ね備える事業者が不在であることが、この理由として考えられる。たとえばオークネットはＡＩＳという査定基準を有しているが、これは主に事業者間における指標となっており、いまだ消費者向け認知獲得には至っていない。[3]

また、情報誌としては、リクルートやプロトが展開しているカーセンサーやGooといった媒体が存在するが、一部事業者向けに同様のサービスを提供しているものの、ディーラーや専業店に対する配慮もあるためか、消費者向けには、広告情報としての価格の羅列を提供するにとどまっている。

ｉＰｏｄの消費者認知獲得活動から、日本版ＫＢＢ成立要件を学ぶ

それでは今後、既存事業者もしくは新規参入事業者がＫＢＢに相当する事業を日本で立ち上げるためにはどうしたらいいだろうか。

前述の三点をクリアすることに加えた工夫が必要なのは間違いないが、最近の事例で既存市場において新規参入事業者がシェアを奪ったケースとして、デジタル音楽プレーヤー市場における

アップルコンピュータのiPodを例に考えてみたい。[4]

iPodは特定のPC用アプリケーション（後述のiTunes）の専用周辺機器と考えるとわかりやすく、使用には必ずPCと専用ソフトが必要になる。つまり、音楽をPCに落とし、これを子機であるiPodという音楽再生機に移して携帯、視聴するというものである。

iPodの成功要因のうち、日本においてKBB事業立ち上げに生かせる点は次の三点であると考える。

❶PC内アプリケーションを活用した、大量楽曲の自動保存・最適分類

iPodが発表される以前は、膨大な楽曲の再生に一貫性を持たせるためは、PCないしは子機において手作業での再生リスト作成が必須であった。

しかしiPodでは、iTunesという再生リストの自動生成機能を兼ね備えたソフトウェアを添付することで、複数の再生リストを自動的に作り上げる機能を構築した。

▼3　最近では複数のメーカーやディーラーにおけるKBBに近いような取り組みとして、インターネット上の評点を開示する動きがあるとも聞く。

▼4　二〇〇一年登場のiPodは、二〇〇六年四～六月期で米国デジタル音楽プレーヤー市場のシェアは一位の七五・六％で圧倒的。また、二〇〇七年現在、日本でもiPodのシェアが六〇％を超えてトップになっている。

また、iTunesがインストールされているパソコンに音楽CDを差し込むだけで、楽曲の基本情報（曲名、歌手名、演奏時間などのデータ）がインターネットのデータベース経由で自動的に取り込まれ、ユーザーがそれらの情報を手入力する手間が不要になった。

これをWeb2·0時代の自動車売買実績データ→日本版KBBで応用するとすれば、仮に膨大な自動車売買データを有しているオートオークションや自動車雑誌をデータベース・ソースとみなした場合、iTunesのようなアプリケーションを第三者がウェブサイト上で提供することにより、膨大なデータを自動的に解析・生成した上で、最新の売買情報を常にアップデートするといった作業を行い、個別データの羅列でもなければユーザーが検索する手間を必要とすることもなく、モデルごとに最適分類された「最適解」を提示する、といった仕組みが効果的だろう。

もしかすると、これを実施するのに最適なプレーヤーは既存自動車流通プレーヤーではなく、新規参入IT系企業などかもしれない。

❷iTunesのマックから、ウィンドウズOS対応

当初（二〇〇三年十月まで）iTunesは、アップルコンピュータのOSであるマック専用のソフトで、ウィンドウズユーザーが利用することはできなかったが、これを両方が使える形へとアップグレードした経緯がある。

自動解析ソフトの対象とするデータを、たとえばUSS系、オークネット系、XX系といった

オークション事業者レベルでの個別アプリケーションとすることなく、複数事業者の提供するデータを解析可能なアプリケーションとすることができれば、市場の幅は広がり、ユーザーから見た信憑性も高まる。

❸ iTunes Music Storeによる音楽流通への進出

アップル社は現在、自社で音楽の流通をも担うようになっている。日本ではまだ著作権との関係などもあり、楽曲数が限定的であるともいわれるが、特に米国では大きな動きになっており、すでに既存レコード・CD小売店を抜く勢いだ。

膨大な情報へのアクセスと、これの整理をきっかけとして消費者認知を獲得できれば、最後には流通へもアクセスできる、という良い事例である。当然、「商品デリバリーがオンラインで完結する音楽配信」モデルと、「物流が発生する自動車」モデルとは異なるものの、KBBモデル構築をきっかけとして流通そのものへ参入するのも一つの方向性であろう。

新規参入企業に期待すること

「日本の自動車産業は世界に誇るレベルである」。

この文章に異論を唱える人は少ないだろう。しかし、足元の国内の販売状況は崩壊寸前となっている。メーカーレベル、新車ディーラーレベルではチャネル別の企業統廃合という形で流通コスト削減を図りつつあるものの、実際の拠点、店舗の数という面ではまだ限定的な動きである。

しかし、コスト削減に加えて、新たな価値を創造する活動をしないと先細りに変わりはない。小売不振と言われるが、事業者は車という商品そのものの性能に頼りきりで、その後の販売や流通領域において本当に必要な努力をしているといえるだろうか。

たとえば、「買ったらすぐ使いたい」という当たり前の感情を満たして需要喚起につなげる、といった工夫も一つであるし、本章で述べた中古自動車に関する価格やスペックなどを自動的に生成した結果を最適開示する仕組みの構築などもあるだろう。流通総量が増加しない上に、保有台数の伸びも落ち込みつつある状況下では、新たな商品の市場への投入を待つだけでなく、限られた流通商品の最適マッチングを行うことで、回転率を上げるしかない。

そのための方策が、金融（たとえば残価設定ローン）であり、今回のＩＴを活用するアイデアである。新規参入企業には、是非こうした工夫を凝らすことで、既存企業を刺激し、停滞しつつあるこの自動車小売を活性化してほしい。

4

自動車メーカーにとっての国内市場の「経営」とは

2007.11.20

リクルートのカーセンサーが商品総額方式で表示

新車販売が低迷する国内市場において、自動車メーカー各社の主要なディーラー支援策としては、ディーラー拠点の最適化、およびサービス、中古車といった新車販売以外の領域での支援活動が挙げられる。そして、それら支援策を行動に移していくことこそが、現在の低迷する国内市場における自動車メーカーの「経営」である。

国内自動車ディーラーの現況

日本国内に自動車ディーラーは一二五九社、合計の店舗数は一万六三二二拠点[1]ある。

この一万六〇〇〇拠点の拠点当たり平均新車・中古車販売台数は何台か、ご存知だろうか。答えは、月間販売台数で、新車が二十二台、中古車が十六台。合計で三十八台である。

三十八台販売した結果の拠点当たり月間営業利益は八十万円、一拠点当たりの年間営業利益は約一〇〇〇万円と非常に薄利となっている。
国内の自動車販売市場は厳しい環境に見舞われ、販売台数の将来予測はいくつかの機関から提示されているものの、劇的回復を予測するものはほぼ存在せず、むしろ現状の台数は減少していくという意見がほとんどである。すなわち、今後この新車・中古車の合計販売台数三十八台が、四十台、五十台と増加することは期待できない。
一方、拠点当たりの損益分岐点月販台数は三十一台だ。つまり、現在のコスト構造の改革ができない限り、総需要の減少に伴い、拠点当たりの月間販売台数が三十一台を割ると、営業赤字となってしまう。▼2
私どもが以前、自販連加盟ディーラーの経営者に向けて「経営分析セミナー」を行った際に、ディーラー各社が拠点単位で自助努力が可能な施策の方向性を複数提示の上、損益改善効果を具体的に試算した。その資料をもとに、自動車メーカー各社が国内市場において実施可能なディーラー支援策について述べてみたい。

拠点数の削減

まず最初に自動車メーカーが行うべきは、国内市場の顧客に受け入れられる魅力的な商品開発を今後も継続することであろう。しかし、自らの商品を「どういった流通網を活用して」顧客に届けるのか、という観点で見た時に、現在のディーラー網は明らかに過剰だということが前述の拠点当たりの採算などから示唆されている。すでに自動車メーカーは販売会社の統廃合を主導的に進めている。その結果、一九九九〜二〇〇六年までの七年間で会社数は二四％も削減された。[3]ただし、拠点数は六％しか削減されていない。[4]

イメージとして、銀行の再編を考えていただきたい。銀行再編では、同じ街の交差点で旧ＸＸ銀行とＹＹ銀行の支店がそれぞれ存在していたものを一支店に統合することでコストを抜本的に削減するという動きが起こったが、自動車ディーラー再編では依然、近隣拠点が独立してそれぞれ存在している状態にあるということである。よって、企業数の削減後、さらにその内訳である拠点をいかに最適化していくかが今後の課題となるだろう。

▼1　自販連加盟ディーラー、二〇〇六年度末日時点の拠点数。
▼2　全ディーラーの平均。ちなみに、二〇〇六年度でも全ディーラーの二五％（企業数ベース）は赤字となっているが、その他黒字ディーラーと相殺される形で平均の姿となっている。
▼3　一六五六社から一二五九社へと、約四〇〇社の削減。
▼4　一万七三四八から一万六三一二へと、約一〇〇〇拠点強の削減。

インセンティブ額の抑制

インセンティブは形式的にメーカーからディーラーに対して支払われる。会計上もインセンティブはメーカーの販売促進費として計上されているため、いかにこれを抑制しながら顧客に価値を提供するかは、自動車メーカーにとって重要な課題である。ちなみに日本においてディーラーが受け取っているインセンティブの総額は二〇〇〇億円にのぼる。この額は、販売台数が減少しているにもかかわらず、過去七年間にわたってほぼ一定で推移している。

さらに、メーカーのディーラー開発という視点で見た場合、インセンティブは顧客の支払余力と販売網維持のためのコストとの狭間で、ディーラーの採算性を調整する調整弁という機能がある。つまり、メーカーがディーラーの収益性をインセンティブを通じて支えている、という考えになってもおかしくない。しかし、インセンティブは最終消費者である顧客がいくら払えるかの内数である、というのがロジカルな正解である。

つまり、顧客に対して提供する価値の総量を増やすか、流通網にかかるコストを削減するかのいずれかの方法をとらなければ、インセンティブ額を削減することは難しい。後者の流通コスト総額削減は、拠点数削減などの方策により実現可能だが、前者の顧客への価値総量増加の方策は、以下の二つと考える。

整備需要の確保

自動車ディーラーが顧客に提供する最も重要な価値は「故障などの際の整備の提供」であると筆者は考える。販売時に一時的に発生する商品提供という機能と異なり、顧客に価値を提供する頻度の高さという観点でも、これは当然であろう。しかし、全国に存在する一般整備工場の約七万三〇〇〇拠点[5]で実施している自動車整備の売上の比率は、全整備売上の五〇%にとどまっている（五一・九%）。

つまり、ディーラー経由で購入されたはずの自動車の約半分は、ディーラー以外での整備に流出しているということである。自動車メーカーとしては、サービス顧客にタイムリーな告知を提供する仕組みを構築したり、電子化が進むエンジン制御などのメンテナンスを確実に行える設備をディーラーに提供することで、ディーラーから見た整備需要の一般整備事業者への流出を抑制することが大切な施策となる。

中古車販売囲い込みのための施策

もう一つの顧客への価値総量増加の施策は、中古車である。その中でも、特に自動車メーカーができる価値総量増加の施策は、ウェブサイトを通じた中古車価格および在庫情報の提示である

▼5　国土交通省「平成十八年度自動車分解整備業実態調査報告書」参照。

と考える。たとえば、冒頭で取り上げたリクルートによる「商品総額表示」であるが、GAZOOなどではこれが提供されているにもかかわらず、一部メーカーのウェブサイトではまだ未対応となっている。中古車は、商品と価格を明確にした上で、大量のデータの中から検索する作業が必要となるため、[6]特にウェブサイトとのマッチングが最適だといわれているが、実際の支払総額をベースに比較ができなければ、顧客にとっては意味が薄い。

さらにいえば、通常、下取り車両が存在する場合には、その金額を差し引いた値段までをもウェブサイトで検索可能な形にしないと、実際に消費者が支払う金額とは異なる「価格」となってしまう。その際、難しいのはグレードやオプションなどに関するデータの管理と、取得税や下取り車両の車検残など細かな計算である。

自動車メーカーは、過去に自社でディーラーに卸売した商品について、すべてデータが揃っているはずである。すべての情報の源泉を押さえている自動車メーカーが努力をすることで、中古車のトレーサビリティを、少なくとも自社銘柄商品については確保することは可能である。

こうしたトレーサビリティを確保しながら自社銘柄の中古車については下取りを含めた総額を提示し、この情報をウェブサイト上で開示することができれば、自社銘柄間の買い替えについては、一般の雑誌媒体や独立系ウェブサイトより豊富な情報提供が可能となり、その結果、需要の囲い込みにつなげることができるはずだ。

この議論においては、新車販売の台数や一台当たり利益の向上を大前提として織り込んでいない。もちろん、新車販売の増加がもし近い将来に見込めれば、現状の過剰店舗問題や店舗採算問題、インセンティブ総額問題などのすべてを治癒する効果をもたらすであろう。

しかし、現時点での自動車流通業界の景気の見込みが悪いことに関して「景気が悪い」と愚痴を言っても、「いつか景気が上向くはずだ、新車販売台数は増加するはずだ」と言いながら手をこまねくのは「経営」ではない。景気は天気とは違う。

置かれた環境下で「いかに多く考え」、「最大限行動に移すか」が経営である。商品流通インフラであるディーラー拠点の最適化と、新車販売以外の領域における最大限のディーラー支援行動が、現在の自動車メーカーが実践すべき国内流通市場における「経営」であると考える。

▼6 具体的には、第4部第3章「新規参入企業に期待すること」を参考まで。

5 「当たり前」で見過ごされる隠れた前提

マツダ、車検付きのメンテナンスパック商品を導入

2007.6.12

買い替えサイクルの長期化に伴い、マツダは初回の車検を含む三十六カ月メンテナンスパックを販売した。これは初回車検時の代替機会を捨て、整備売上の増加を図る意思決定の表れといえる。また、このような意思決定をした場合、整備売上向上のためには他ブランドの商品を整備対象に含めるなど、自社ブランドの商品しか整備対象として認識しないというような隠れた前提を取り払って考える必要がある。

マツダがメンテナンスパックの新商品として、車検付きの「三十六カ月プラン」を導入した。初度登録から数えて車検は、三年、二年、二年の頻度でやってくる。つまり、三十六カ月車検付きという商品は、初度登録後、初めて迎える三年後の車検をもパッケージに含むものであり、車検をパッケージ化した商品の導入は、今回の「三十六カ月プラン」が初めてである。

ちなみに、今回の新商品の導入でマツダのメンテナンスパック商品は次の四種類になった。

新車購入者向けプラン

- **三十カ月プラン**……新車購入から三十カ月までの期間の定期点検（法定点検に加えてマツダ独自の点検）、消耗品（エンジンオイルおよびオイルフィルター等）の交換をパッケージしたプラン。
- **三十六カ月プラン**……「三十カ月プラン」に三十六カ月目の初回車検を加えたプラン（今回導入）。

マツダ車保有者向けプラン

- **十八カ月プラン**……車検時に次回車検までの定期点検、消耗品の交換をパッケージしたプラン（車検は含まない）。
- **十二カ月ライトプラン**……主に中古車保有者向けのプランで、マツダ独自の定期点検とエンジンオイルの交換をパッケージにしたプラン。

新車購入から買い替えまでの期間を一直線として見ると、これまでは初回車検の三十六カ月を迎えるよりも前の三十カ月目にはメンテナンスパックの対象期間が終了していたことから、顧客はあと六カ月乗ったら買い替えるか、別途車検を申し込むかの選択をしていたことになる。しかし、今回の三十六カ月メンテナンスパック車検付きを選択した顧客は、新車を購入したタイミングで前者の買い替えという選択をすることなく、同じ車に乗りつづけることを選ぶことになる。

初回車検付きプラン導入のメリットとデメリット

一般的なメンテナンスパック商品の導入効果は次のとおりである。

❶整備獲得率向上による整備売上の増加
❷顧客の囲い込みによる新車代替機会の効果的獲得
❸良質な中古車の確保

メリット

❶の整備売上の増加効果を高めることができる。日本自動車整備振興会連合会が発刊している整備白書をもとに、ディーラー、整備工場別に売上高を見てみると、車検売上の整備工場への流出率は六一%と点検や一般整備のそれを上回る。すなわち、新車販売時に車検を付けることにより、ディーラーがこの車検売上相当額を取り込める可能性が高い。

デメリット

◆作業内容別売上高

作業内容	a: ディーラー（a/c）	b: 整備工場（b/c）	c: 合計
車検	8,382億円（39%）	1兆3,362億円（61%）	2兆1,744億円
点検	1,634億円（60%）	1,091億円（40%）	2,725億円
一般整備	1兆0,525億円（50%）	1兆0,524億円（50%）	2兆1,049億円

三十六カ月目の初回車検を新車購入時にパッケージとして提供してしまうと、初回車検時には❷の新車代替機会および❸の良質な中古車の確保機会を逸することになる。

一般的に車検時は顧客に買い替えを促す好機である。新車購入時に初回車検付きのメンテナンスパックを付けた顧客からは、初回車検時の買い替えや、それに伴う下取り車両の仕入れを見込むことができない。

今回のマツダの打ち手に関する考察

今回マツダが初回車検付きメンテナンスパック商品を導入することは、このようなデメリットを受け入れて、メリットをとったといえる。その理由として次のことが挙げられる。

第一に、そもそも買い替えサイクルが長期化しており、初回車検時の買い替えの好機を逸するデメリットは限定的で、むしろ初回車検の獲得率を高めたほうが効果的であると考えたとのであろう。自工会の資料によれば日本の乗用車の平均車齢[1]は、一九九六～二〇〇五年までの十年間で、五・〇四年から六・七七年と一・七三年高くなっている。

▼1　現在使用されている自動車の初度登録からの経過年数の平均で買い替えサイクルを直接示す指標ではないが、買い替えサイクルが短くなると車齢も低くなる、買い替えサイクルが長くなると車齢も高くなるといった相関関係がある。

第二に、マツダにとっては、買い替えを狙うより、現在マツダ車を保有している顧客当たりの売上高を高めるほうが効果的と考えられることである。現在のマツダは、トヨタのような庶民派からセレブ派まで、車は単なる移動手段の一つ派からこだわり派までを顧客対象としたフル・ラインナップメーカーではなく、コンセプトをスポーティーに絞り込んだメーカーである。つまり、スポーティーなクルマのコア・ファンは継続買い替えの対象となるが、たとえば今回はラグジュアリーなセダンがほしいといった顧客や、今回はスポーティーなクルマよりもかわいいクルマがほしいといった顧客に提案できる商品の幅は限定的である。

言い換えれば、コアなファン自体の乗り換えが実現するよう自社コア商品の魅力を高める活動を継続する一方、コアではない顧客は、いずれにしてもすぐに買い替えるというマクロ環境にないこと、さらには目先の異なる商品供給体制が整っていないことから、現在マツダ車を保有している顧客に対する売上をいかに高めるかを重視する作戦に切り替えているのである。

今後取り得る方向性

一方、買い替え需要を狙わないとすると、新車の買い替えで獲得できたであろう利益を、車検入庫の増加で賄えるのだろうか。

異業種だが、大阪市に本社を置くマツヤデンキという家電量販店がある。同社は、かつてビックカメラやヤマダデンキといった大型家電量販店と競争するように拡大路線をとっていたがうまくいかず、その後、店舗を小型化し小商圏に深く浸透していく路線に切り替えた。現在は、「CaDEN（キャデン）」というチェーンを全国に約一七〇店舗展開し、年間売上高四六〇億円をあげるまでに再生した。

競争力はアフターサービスにあり、自社で販売した商品以外の修理でも電話一本で顧客のところに出向く。また対応するのは家電の修理だけでなく、インターネットの接続設定や照明の電球交換なども行う。その結果、顧客は家電製品を買う際に、少し値段が高くても普段お世話になっているマツヤデンキから買おうということになり、新たな顧客獲得につながっているという。

マツヤデンキの例を自動車業界に当てはめて考えてみると、たとえばマツダが、トヨタや日産、ホンダといった自社以外のブランドでも対応する整備工場のチェーンを展開することが想定できる。もちろん、他ブランドの顧客リストや他ブランド車を整備する技術はもっていないだろうし、マツダという看板も使いづらいかもしれないから、複数ブランドを整備しているような整備事業者とアライアンスを組むことも一つの選択肢だ。

マツダ以外のブランドも対象にすることで、相当分の市場の取込みが見込める。さらにいえば、マツヤデンキのようにアフターサービスを通じて顧客との密接な関係を築くことにより、新車の買い替えを促進できることも考えられる。実際に、マツヤデンキでは同様の効果により、商品そのものの売上も増加しているという。

マツヤデンキの例は、自動車業界のメーカーやディーラーが、当たり前のこととして見過ごしてしまっている、自社商品や自社ブランド販売という隠れた前提に目を向けることの重要性を示唆しているのではないだろうか。たとえばＡブランドの商品を販売しているのだから、整備対象も当然、Ａブランドの商品であるというようなことだ。

長い目で今後の方向性を検討する際には、隠れた前提がないかチェックし、それを取り払い、より大きな枠組みで考えてみるのも一案である。

6 シェフのお勧め戦略

東京海上日動火災保険、不払い対策で個人向け保険商品半減へ

2006.4.4

今後、市場における情報量がますます増大し、消費者が氾濫する情報の中で何を選択すべきかが一層わかりにくくなることが予測される。そのような社会においては、シェフのお勧めメニューのように選択肢を絞り込み、消費者に提示するという戦略が一層有効性を増す。新車、中古車を問わず、自動車業界でも応用の余地があると思われる。

二〇〇六年三月、大手損保各社の自動車保険の収入手数料が四年ぶりに前年度実績を上回る見通しと報じられた。その中でも問題として取り上げられていたのが、前年から相次いで表面化した保険金の支払い漏れである。いわゆる不払い問題の原因は、保険商品や特約に代表される付随契約が複雑化し、保険金の支払対象であるかどうか損保会社自身ですらチェックできなくなっていたことにあるといわれている。

不払い問題の対策として金融庁は、二〇〇六年四月一日より約款にわかりやすい表現を使うこ

とや保障内容の短所も明示するなど保険販売時の規制を強化するほか、損保各社でも保険金支払い部門の拡充などを行っている。

そんな中、東京海上日動の対策が、抜本的な取り組みとして保険業界で注目を集めている。具体的には、自動車保険などの主契約を現在の約四〇〇種類から約二〇〇種類に、代車費用などの付随契約を約二〇〇〇種類から約一〇〇〇種類に減らすという対策である。商品数の削減は基幹システムの手直しも必要になり、二〇〇九年三月までの三年間に約四二〇億円の投資が伴うとも報じられている。


商品の絞り込みによる生産性、品質の向上と多様性への対応の両立

つまり、個性化する顧客ニーズに対応するために商品を多様化させてきたものの、そのことが裏目に出て業務プロセスが複雑になり、結果として業務の効率と品質が低下したという反省に立って商品数を絞り込むことにした、という例である。

そもそも保険商品の多様化や複雑化のきっかけは、一九九〇年代後半の保険自由化である。自由化により、従来、新規参入が少なく、規制に守られて横一線であった保険料金やサービスに変化が生じた。

まず、外資を中心に新規参入が相次いだこと、その際に電話やインターネットによる低コストの営業手法や、契約者の免許証の色や車種・居住地・年齢により保険料を変えたリスク細分型保険などの商品投入など、国内損保会社の隙間や弱点を突いたマーケティングを展開してきたことに対抗するため、国内損保会社も各様に顧客に魅力のある商品やサービスを次々に開発していったのである。

こうした経緯で開発された商品であるから、本来的には顧客にとって魅力的なはずである。しかしながら、実際に、それまでシンプルな商品やサービスの提供のために構築された組織が処理不能に陥り、保険会社側では生産性の低下、顧客側にはその結果としての不払いの増加など品質の低下を招き、逆に顧客満足を低下させてしまったことになる。

したがって、商品数の絞り込みの目的は、業務の効率化と品質の向上である。品質の向上については保険金の不払いの削減によって達成される面があるだろう。また、業務効率に関しては、保険審査や支払手続きなどの事務負担の軽減や営業人員に対する保険商品の教育投資の軽減が見込まれる。東京海上日動では、保険商品を半減することにより年間一一〇億円の経費削減が見込めるとし、四二〇億円のシステム投資も約四年で回収できるとしている。

実際の商品の絞り込みにあたっては、自動車のものづくりで行われているプラットフォームの共通化や部品の標準化の際の留意点を参考にするべきだろう。もともと多様化する顧客ニーズへの対応のために選択肢を拡張してきたわけだから、単純な選択肢の削減は顧客にとっての魅力度の低下をもたらしかねない。

自動車業界では、何でも商品数を削減するのではなく、顧客にありがたみを与える部分とそうでない部分に商品を分解し、前者については専用設計を残しながら、後者については汎用設計とコストダウンを徹底的に進めたのである。

たとえば、ホンダは「シビック」のプラットフォームから「CR-V」「ストリーム」「エディックス」「インテグラ」と五車種も開発し、投資コストを抑えているが、どれ一つとしてあり合わせで作った派生車のような「やっつけ感」はない。

保険商品においても、どの保険商品にも共通に適用できるプラットフォームや標準部品に相当するものがあるはずである。そうした縁の下部分をパッケージ化しながら、顧客インタフェースの部分で個性化を図ることで、生産性と品質を向上させながら顧客ニーズの多様化に応える方法が残されていると考えられる。

商品の絞り込みによる顧客ニーズへの対応力強化

このように、商品の絞り込みは一般には選択肢を求める顧客ニーズへの対応力を下げるリスクがあるといわれる。だが、果たして本当にそうだろうか。

たとえば、米国ホンダが発売しているシビック・セダンが搭載するエンジンは一種類しかなく、トリム（グレード）もDX、LX、EXの三つしかない。さらにオプションもAT（標準装備はMT）ぐらいしかない。つまり、シビックの顧客は予算と嗜好に合わせて、廉価版、普及版、豪華版以外の選択肢はないのだ。一般に日本車はトリム数がやたらと多い上に、各々に装着可能なオプションがメーカーからもディーラーからも無数にリストアップされているので、これで本当に顧客ニーズに対応できるのかとホンダのシンプルさに驚く。

だが、実際にはシビックは米国のサブコンパクト・セグメントにおいて永遠のベスト・セラーであり、選択肢の少なさを不満とする声は聞いたことがない。競合対策としてV6エンジンを搭載したり、特別装備車を出してから若干商品ラインナップが複雑化したものの、アコードでもほぼ同様であり、アコードは米国の自動車市場で常にトップ・セラーをカムリと争うモデルである。当然のことながら、ホンダ車が米国でヒットしているのは、商品の絞り込み戦略によるものだと断定することはできない。だが、商品を絞り込みながらも顧客ニーズに対応することは可能だということを示している。

では、どのような場合に商品絞り込み戦略が顧客ニーズへの対応力を向上させるのか。そしてそれは、今後も有効な戦略なのだろうか。

提供される情報が圧倒的に不足している社会では、情報の量や選択肢の多様性が価値をもつ。ところが、提供される情報が氾濫している社会ではその逆で、情報を質的に選別し、できることなら意味合いを抽出して、とるべき行動を助言してくれるサービスのほうがありがたみをもつ。検索エンジンがあれだけの企業価値をもつに至った理由もそこにあり、コンサルティング会社を利用する企業が増えているのも同じ理由と考えられる。

ホンダの事例でいえば、商品を絞り込むことによりディーラーがこのようなアドバイザーの機能を担えるようになっていることが強みとなっている。一方で、商品やオプションの体系が複雑なブランドでは、ディーラーの専門的な助言や解決策を求めて来店する顧客のニーズに応えられなくなりやすい。

ディーラー自身が商品を完全に把握することができなくなるから助言どころではなくなるし、カタログ上は選択肢が多数あるようになっていても、個々のディーラーがそれらの選択肢をすべて在庫に持つことは不可能だ。したがって、たとえばニッチな仕様の車種や回転率の低い部品を求めて来店する顧客にはディーラーが解決策を提示できなくなる。

ホンダのディーラーでは、シンプルな商品体系の結果、ディーラーが持つ知識と現物が存在感を増し、助言と解決策を求めて来店する顧客ニーズへの対応力が相対的に高くなっていると考えられる。

また、ホンダ側ではクロージング・プロセスが短縮される効果も見逃すことができない。選択肢が無数にある中では、具体的な商談に入る前に消費者には迷いが生じるし、商談自体も選択肢ごとにいくつも必要になる。それにずっと付き合うことにより別の顧客に対応する機会を逸してしまい、販売生産性が下がり、機会損失が増大することになる。

さらにいえば、クロージング・プロセスが長引くと、どうしてもその間に消費者の関心が競合車に向いたり、ディーラー側にも焦りが生じて値引きやインセンティブの原因になりかねない。

ホンダでは消費者の選択の焦点をトリムやボディ・カラーに絞り込み、商品選択に関わるクロージング・プロセスを最小化して、ローンをどうするか、頭金はいくら入れるかといった購入方法の議論を早々に開始することができる。

これはいわば「シェフのお勧めメニュー」の戦略であり、この戦略は、情報量がますます増大し、消費者が氾濫する情報の中で何を選択すべきかが一層わかりにくくなることが予測される社会においては、これまで以上に有効性を増すのではないだろうか。

シェフのお勧めメニュー戦略の応用余地

「シェフのお勧めメニュー」戦略は自動車業界の専売特許ではない。

身近な例としては、スーツのツー・プライスショップがある。顧客はサイズ別に分類されたコーナーからお気に入りのデザインを選び、最後に生地に応じて二つの価格帯からお気に入りの一着を選ぶだけと、選択プロセスが簡素化され、選択の焦点もデザインと価格に絞り込まれている。

ハンバーガー・ショップでも、米国ではオプションが多数ある上に、玉ネギを入れるか入れないか、肉はローファットかスタンダードか、焼き方はミディアムかレアかなど、やたらと選択肢がある店も少なくない。しかし、日本ではセット販売が主力であり、顧客が悩む要素を限定している。単品メニューの多くは、セット商品の購入客向けに割安の料金設定になっており、「ついで買い」を誘う設計になっている。消費者の実質的な選択の余地はそこにあるといえるかもしれない。

住宅業界においても、ミニ開発の建売住宅が注文住宅以上に人気を博している。ここでも、顧客は個々の住宅の設備仕様に頭を悩ませるのではなく、居住環境としてどうか、駅からの距離はどうか、予算と見合うかといった部分に選択範囲を絞り込めることが、受け入れられている原因である。

新車業界においてはレクサスが一つの方向性を示している。レクサスの場合、顧客の不満や不安を解消する方向性での商品やサービスは標準的にパッケージで提供する一方で、顧客に嬉しさや喜びを提供する方向性での商品やサービスは個別設計を強化している。おそらくトヨタ流のものづくりの発想が活かされており、だからこそ他社以上にこの戦略が徹底しているのかもしれない。

たとえば、購入後五年間もしくは走行距離十万キロまでは、エンジンやブレーキなどの重要保安部品だけでなく、タイヤ、バッテリ、消耗品の交換、ボディのコスリや穴あきの修理まで一律に無償で保証する。これらはいずれも顧客の不安や不満を解消する部分で、車種や価格帯を問わず、画一的に提供するのである。

これに対して、シートの素材、カラー、ホイールなど、顧客が自らのステータスやライフスタイルを確認したり、他者に誇示することで嬉しさや喜びを感じる部分では、個性化や差別化に努めているのである。これも一種の「シェフのお勧め」戦略といえるだろうが、米国ホンダとの違いを挙げるとしたら、クロージング・プロセスの短縮や生産性の向上は必ずしも意図されていないという点である。

車種のラインナップを絞り込み、車種ごとにもエンジンと駆動方式を基準に二〜三のサブラインに絞り込んでいるにもかかわらず、実質的に受注生産となるため、クロージング・プロセスは長引き、納期も二カ月を要する。生産性や効率は目的とはせず、むしろ従来以上に選択の範囲や選択の時間を提供することで、選択の主導権を取りたがる富裕顧客層の満足度を高めることを狙いとしているのである。

中古車業界において「シェフのお勧め」戦略の導入余地はあるだろうか。米国ではメガ中古車ストアが、比較的走行距離やコンディションの類似した中古車を大量に仕入れ、統一基準で点検整備と加修を行った上で保証を付けて販売している。

ここでの中古車は品質的にほぼ均一になるので、価格も統一されており、中古車は一物一価という既成概念からは大きな乖離がある。

これを解釈すると、顧客にとって目に見えない、不安や不満の種である品質保証部分については徹底的に画一化を図るとともに、顧客の選択の焦点や選択のプロセスをボディ・カラーやトリムなど新車時と同じ部分に絞り込んでいる、という意味では「シェフのお勧め」戦略の一つと位置づけられるであろう。

このように「シェフのお勧め」戦略は自動車業界で応用の余地があり、中古車のような一物一価の世界でも可能な戦略であるから、アフターマーケット全般で検討の価値があるのではないだろうか。車検・整備、板金・塗装、用品などさまざまな分野で「シェフのお勧め」メニューの登場を待ちたい。

7 アフターマーケットのキーワード「納得感の見える化」

2006.3.7

プロト、中古自動車修理保証制度開始

消費者が購買時に漠然とした不安や不満を抱きやすい中古車に対し、中古車情報メディアを運営するプロトコーポレーションが保証を付けるGoo認定保証は、国産の中古車に対して第三者が保証を付ける日本初の事例である。この事例に代表されるように、納得感を「見える化」することが自動車のアフターマーケットでは有効であり、ビジネスチャンスはまだまだ存在するといえる。

普通の中古車に対する第三者の保証

プロトコーポレーション（以下、プロト）は、日本自動車鑑定協会（JAAA）、プロテクション・プラス・ワランティ（以下、PPW）とともに「Goo認定保証」なる中古車の「保証」を商品化した。二〇〇六年七月までは浜松地区でのテストマーケティングにとどめるが、成果を見極めた上で

エリアの拡大を目指す。

これは、「普通の」中古車に対して、「第三者が」保証を付けるという意味で日本初の商品である。「普通の」という点を強調するのは、これまでも輸入車に対しては第三者が保証を付ける事例が存在したからである。いわゆる「インポーター認定中古車」には通常、保証が組み込まれているが、その保証は最終的に損保会社が引き受けていることが多い。つまり、第三者である損保会社が裏保証という商品をインポーターに対して販売していることになる。また、認定中古車以外の中古輸入車についても、今回プロトのパートナーになったＰＰＷが二〇〇四年から保証商品を販売している。

また、「第三者が」という意味は、メーカーでも中古車販売事業者でもない、純粋な第三者による保証という点が重要だからである。新車ディーラーが販売している国産の中古車には通常、保証が付いているが、これはメーカーの保証である。また、中古車販売専業店（以下、専業店）が販売している中古国産車には、専業店自身による保証しか付いていない。

この保証商品構成と役割分担を、業務フローの順番に見ていくことにする。まず、中古車情報メディアであるプロトが自社の雑誌媒体「Goo」、ウェブ媒体「Goo-net」の広告主である専業店の中から、属性と実績に基づき優良店を「Goo 認定保証加盟店」として指名する。

次に、「Goo 認定保証加盟店」が所定の鑑定料・保証料を払うと、加盟店が保有する国産の中古車に対して、中古車鑑定専門機関ＪＡＡＡが中古車の鑑定を実施し、鑑定書を発行する。鑑定の対象は、車体・内装・機関・骨格の四分野で、各々にグレード評価を付ける。
そして、鑑定書で一定以上のグレード評価を得た中古車に対して、中古車保証会社ＰＰＷが一年間の修理代を保証する、という仕組みになっている。修理代の保証とは、保証期間中に対象中古車に故障が発生し、加盟店での修理や交換を要した場合に、一定の基準や条件に基づき、ＰＰＷが修理に要した部品代や工賃をユーザーに代わって加盟店に支払うものである。つまり、「Goo 認定保証車」を購入したユーザーは保証期間中、修理代の負担を心配する必要がなくなるのである。

基準・条件

- **保証期間**……中古車登録日（メーカー保証期間が残っている場合はメーカー保証が切れた日）から一年間。
- **保証対象車種**……初度登録より十年以内かつ走行距離十万km以内の国産車で、前述の認定保証プロセスを経たもの。
- **保証対象部品**……一三四点（初度登録より七年以上）～一六一点（同七年以内）。内外装部品、油脂類、エンジン・シャシー関連の消耗部品は対象外。
- **保証限度**……車両本体販売金額を保証期間中の累計修理費の上限とする。修理回数の制限はない。

最後に、再びプロトが加盟店を「Goo 認定保証加盟店」として、保証対象車を「Goo 認定保証車」

として、自社の媒体でユーザーに告知する。ユーザーは購入前に、どこが信頼できる店で、どれが安心できるクルマなのかを納得した上で購入することができるようになる。

「納得感の見える化」が中古車の小売活性化のキーワード

中古車情報メディアであるプロトがこの商品の開発にあたって目をつけた点、この商品を必要と考えた理由は自明であろう。

中古車という商品の購入には常に漠然とした不安や不満がつきまとう。専業店からの購入には、「たしかに安いが、品質評価は素人にはできない」「もしかすると品質不良車をつかまされてしまうのではないか」「その結果、買った後に壊れてしまい、修理費がかさむのではないか」「それがいくらになるのか見当もつかない」「お店は品質を保証すると言っているが、そもそもこのお店自体が信頼できるのか」という不安が頭から離れない。だから、少々高くても新車ディーラーでメーカー保証付きの中古車を選ぶユーザーもいる。だが、今度は「安心料だとはいえ専業店の価格と比べて高すぎるのではないか」「もしかして安心料以上のものを払わされているのではないか」という不満が残る。

中古車の年間登録台数は新車の六〇〇万台を上回る八〇〇万台もあるのに、その大半は業者間の転売によるもので、実際にユーザー向けに小売登録されている実需は三〇〇万台程度ではないかと言われるほど、中古車の小売現場では出口が狭まっている。その要因の一つに、業者がこうしたユーザーの定性的な不安や不満を納得できる形で解消できていないことがある。実際にプロトでは、ユーザー調査を通じて、「車の信頼性に問題がある」「中古車の走行距離は信用できない」「車に詳しくないと買えない」と考えているユーザーが七割以上いることを認識していた。

専業店を広告主として抱える情報メディアのプロトにとっては、小売という出口が広がらない限り、広告料収益の展望が開けない。だからこそ小売停滞の根源的問題である、漠然とした不安や不満を解消するため、ユーザーの信頼を勝ち得ていない専業店自身による保証ではなく第三者に保証させた、というのが「普通の中古車に対する第三者の保証」という商品開発の目的だったと考えられる。

もっとも、この商品の対価を払うのは専業店であってユーザー自身ではなく、保証料は車両価格に組み込まれてしまうから、ユーザーには不安や不満解消のために最終的に自分が負担したコストがいくらだったのかはわからない。だが、新車ディーラーが提示する価格と、専業店が提示する価格を、信頼という同じ条件のもとで比較できるようになり、より納得感のあるほうを購入することが可能になる。

つまり、「納得感の見える化」にこの商品の価値があり、「納得感の見える化」というマーケティング・コンセプトで、プロトやそのパートナーたちはビジネス・チャンスをつかもうとしているのだということがわかる。

類似したマーケティング・コンセプトの事例

実は、国内のアフターマーケットでは、プロトと同様に「納得感の見える化」というマーケティング・コンセプトで成功した事例が多い。

❶中古車買取のガリバー

ガリバー登場以前は、ユーザーがクルマを売却する場合、新車ディーラーに下取りに出すか、専業店に売却するかのどちらかの選択肢しかなかった。だが、前者の場合には新車値引きと下取り価格が渾然一体となってしまい、「本当に公正な下取価格を付けてもらっているのか」という疑問がユーザーの側にはあった。

専業店への売却でも、専業店としては、いつ、いくらで、誰に売れるかわからない状態で買い取るため、時価での買取にならないこと、リスク料が買取価格に織り込まれる構造にあるが当該リスク料の妥当性が判断できないことに不満が生じやすい。それに加えて、業者ごとの査定価格のバラつきも大きいため、値づけプロセスそのものに疑問を持ちがちである。

こうした不満や疑問に対してガリバーは、在庫は持たず即時時価で処分すること、処分先は一律オークションとすること、値づけシステムを全国的に標準化することにより、買取価格に対する「納得感の見える化」によって成功したわけである。

❷中古カー用品買取・販売のアップガレージ

中古車以上に「納得感の見える化」が遅れていたものが中古カー用品である。趣味性の高いタイヤ・ホイールや、製品ライフサイクルがクルマ本体より短いＡＶＮ（オーディオ・ビジュアル・カーナビ）は、同じクルマに乗りつづけていても買い替えが発生するし、新車代替の際には中古車に付いて一緒に売却されていく。だが、アップガレージ以前にはこうして売られていく中古のカー用品の価値は実質的にゼロと見なされていた。どんなに高機能で新しい製品であっても、中古品や中古車の下取・買取査定時にはほとんど加点がなく、逆に社外品ということで減点にすらなっていたことにユーザーは漠然とした不満を持っていた。「本来は相応の市場価値があるはずだ」と。

アップガレージは、こうした不満に対して中古カー用品市場を創設し、標準査定システムを導入することで、「納得感の見える化」を実現したのである。同時に、価格対品質が保証されるのであれば新品でなくても購入したいという潜在需要に対しても、品質保証による「納得感の見える化」でその顕在化に成功した。

❸デント・スクラッチ・リペア（軽板金）のカーコンビニ倶楽部（カーコン）

事故でなくてもクルマには日常の使用中にちょっとしたくぼみ・へこみ（デント）やすり傷・引っ

かき傷（スクラッチ）が頻繁に発生するものである。

しかし、カーコン以前には、こうしたデントやスクラッチは、カー用品店で購入してきたパテやタッチアップペイントでユーザー自ら補修するか、ディーラーや鈑金工場に修理を頼むかの選択しかなかった。前者には当然ながら素人品質に対する不安や不満があり、後者にはどれだけの時間を要し、どれだけの料金になるのかわからないという不安や不満があった。どちらも嫌だとなると我慢して乗りつづける以外なかった。

カーコンは、独自の工法を使って作業を標準化して料金を明示したことにより、「納得感の見える化」を実現したのである。現在では、自動車メーカー、カー・ディテイリング業者も多数新規参入し、サービスとして定着するまでに至った。

❹見せる車検のオートウェーブ

大手カー用品チェーンのオートウェーブは、車検・整備やディテイリングなどの料金表を各店に掲示するとともに、サービスショップをガラス張りにして、作業工程がすべて顧客から見えるようにしている。それ以前は、作業が終了するまで費用がどのくらいかかるのかわからないという不安、不必要な作業や部品交換をされているのではないか、逆に必要な作業や部品交換が手抜きされているのではないかという不安を感じるユーザーも多かった。

オートウェーブは、見積もり↓作業指示↓作業実施↓納品↓代金請求↓代金支払という一連のプロセスをすべて透明で一貫したものにして「納得感の見える化」を実現したのである。

「納得感の見える化」がアフターマーケットのキーワード

アフターマーケットに「納得感の見える化」のマーケティング・コンセプト、つまり「透明性」を売り物にした成功事例が多いのはなぜだろうか。

それだけアフターマーケットには「透明性」が欠けていたということの証左であるが、他方、それだけに「透明性」の提供、「納得感の見える化」によって成功者となれるチャンスが豊富にある宝島だと見ることもできる。

少子高齢化・人口減少時代を迎え、国内のアフターマーケット業界には閉塞感が漂っており、国内市場でも「納得感の見える化」によるビジネス・チャンスはまだまだ存在すると考えられる。

新車販売が低迷し、車齢や保有期間が長期化しても、保有台数が維持される限り、アフターマーケットの市場基盤は減少しない。既存事業の成長性や収益性を冷徹に見直すことは当然必要だが、既存事業を安易に放棄する前に、自社の事業や属する業界の中に、まだ「納得感の見える化」ができていないプロセスや領域が残っていないか、いま一度、見回してみてはどうだろうか。

8 バリューチェーンに着目した新たな会計制度

単体重視の会計が徐々に連結会計へと移行していったように、会計制度はビジネスの仕組みに追いついていく必要がある。これからの連結会計は現在の連結会計を一歩進めた「自動車メーカーが関係するバリューチェーンに参加している企業群」を連結するような手法にすべきである。

三菱自動車、新車販売の一割が「自社登録」、〇四年度は一万七三〇〇～二万台

2005.6.14

自動車ニュース&コラムによると、三菱自動車の自社登録の内訳は、「試乗車」が四三二五台、「サービス代車」が一万二九七五～一万五五七〇台程度となった。一連のリコール隠し問題でユーザーに貸し出す「代車」の需要が高かったためだ。

また、同社の二〇〇四年度の販売目標は二十二万台、国内販売台数は二十二・七万台で、「自社登録」がなければ目標は達成できなかったとしている。

自社登録とは

日本の場合、新車の在庫販売は少ない。すなわち、ディーラーから見れば、消費者から注文を受けた上でメーカーから車を取り寄せて販売する、いわゆる受注販売方式となっている。

この受注販売方式に基づく、通常の消費者向け登録と自社登録の違いは次のとおりだ。

❶**消費者向け登録**……メーカーから仕入れた車両を、ディーラーが消費者の名義で陸運局に登録して、ナンバープレートを取り付ける。

❷**自社登録**……ディーラーがメーカーから車両を仕入れて、一旦ディーラーの名前で陸運局に登録し、ナンバープレートを取り付ける。

自動車メーカーから見れば両方とも新車の売上として計上される。しかし、❷の自社登録の場合、正確には車両はディーラーの店頭に留保され、消費者の手には渡っていないことになる。しかし、自動車メーカーの販売台数カウントは、消費者に販売した台数ではなく、陸運局に登録してナンバープレートを取得した台数でカウントされる。

ディーラーが自動車メーカーの連結対象子会社であれば、連結会計上は売上は内部取引として消去されるはずであるし、台数についても、知っている人間からすれば、「自社登録込みの数字ですよね」ということになるが、知らない人間からすれば、少しわかりづらい。

簿外に存在するリスクファクター

一度登録された車は、まったく走っていなくても、中古車としてしか販売できない。ナンバープレートが付いているため、新規登録扱いにはならないからだ。

通常、新車で一〇〇の価格が付いている車両でも、中古車になった瞬間に二割程度は減価する。しかもこの二割は小売価格ベースのものであり、実際に小売できず、オートオークションなどで転売しようとなると、実額で最低十万円、割合にして一割程度は減価してしまう。

この減価分の一部はメーカーからの値引きで補填されることから、メーカーから見ると自社登録車は収益性の低い売上となるわけだが、最も考慮すべきなのはその後である。

時価が低下した自社登録車が、小売を前提にディーラーの在庫として店頭に置かれた後、大量にオークション市場や自動車流通市場に出回るということは、走行距離がゼロに近い新品同様の車が、中古車市場で新車より圧倒的に安い価格で手に入るということになる。

すなわち、ディーラーの膨らんだバランスシート上の在庫が売上原価計上される際には、通常想定されるマージンが期待できなくなる。そして、メーカーとディーラーの双方で、その後の新車売上に、確実にボディブローのように効いてくる、という結果が待っているのである。

これらは、会計監査済みの財務諸表を見ても把握できない。

連結会計からバリューチェーン会計へ

三菱自動車に限らず、自動車メーカーのように十二社合計で四十七兆円という巨大な売上高を誇る産業においては、その仕入れ先や販売先は網目のように入り組みながらもピラミッド構造になっていることから、資本系列を前提とした連結のみを行い、ステークホルダーに開示するだけでは説明しきれないケースが多い。

これからの連結会計は、今の連結会計を一歩進めた「自動車メーカーが関係するバリューチェーンに参加している企業群」を連結するような手法にすべきであろう。親会社を中心とした単体重視の会計が徐々に連結会計へと移行していったように、会計制度はビジネスの仕組みに追いついていく必要がある。

ディーラーのような企業向けの自社登録についても、もしグループの範囲に含めた会計制度、連結会計ならぬ「バリューチェーン会計」が導入されれば、そのバリューチェーンの価値を正しく会計数値に反映することができるのではないだろうか。

具体的にどういった形でこうした会計基準を構築していくべきかについてはさらなる検討が必要であるが、一般的に公正妥当と認められる会計基準と並行して、こうした開示を行うといった義務づけをすることも一案であろう。

9 バリューチェーン強化のために外部資金を活用する

2005.4.12

クライスラーのフランチャイズが投資家を引きつける

クライスラー（当時はダイムラー・クライスラーのクライスラー部門）がメガディーラーグループ向けに自社のディーラー事業に関する投資説明会を開いたように、自動車メーカーはバリューチェーン全体の強化を、自社が主体的に取り組むべき課題と認識すべきだ。バリューチェーン強化のためには外の血である外部資本を活用することが効果的であり、そのためにはバリューチェーンーＲに取り組むことが必要である。

筆者が注目している経営者の一人は、ダイムラー・クライスラーのクライスラー部門の社長兼ＣＥＯのディーター・ツェッチェ氏（当時）である。

二〇〇〇年、同氏が旧クライスラー出身のジム・ホールデン社長の後を引き継ぎ、ダイムラー出身で初めてクライスラー部門のトップとなった際には、さほど大きな注目を集めなかった。また、長い間同部門はダイムラー・クライスラーのお荷物的存在だった。しかし現在、クライスラー部門はツェッチェ氏のリーダーシップのもとで静かに変化を遂げている。

そのツェッチェ氏が、今度はユニークなＩＲ（インベスターズ・リレーション。投資家に対する広報）活動を始めた。大きなサプライ・チェーンやバリュー・チェーンを構築している日本のメーカーやインポーターにも示唆に富む内容である。

クライスラー部門がやっていること

クライスラー部門（クライスラー、ジープ、ダッジ）は、二〇〇四年十二月にメガ・ディーラー・グループ一六四社を集めて、「Investment Conference（投資説明会）」を開催した。その内容は、同部門のディーラー事業がいかに投資機会と経済価値に溢れたものかを説明するもので、同部門が進める商品戦略や宣伝計画、品質管理活動などに触れた後、同部門の既存ディーラー事業のＭ＆Ａにおける現在の一般的な買収価格が相対的に割安であることを訴えるものである。

そして、その目的はメガ・ディーラーによる既存ディーラーの買収を促進し、自社の流通チャネルの集約統合、事業基盤拡大を図ることにある。

❶相場価格

米国ではディーラー事業は古くからＭ＆Ａの対象になっており、取引価格の目安は「ＥＢＩ

TDA（金利・税金・減価償却・無形固定資産償却前の営業利益）の何倍」という形で交渉されることが多い。筆者の経験では五倍以下なら比較的割安で、八倍を超えるとよほどの事情がなければ経済的に割に合わないという感覚だが、レクサスなどの昨今注目されるブランドでは、十倍を超えることも多いらしい。ツェッチェ氏は投資説明会の中で、クライスラー部門のディーラーの相場が「EBITDAの四倍」であることを積極的に述べているそうである。

「EBITDAの何倍」というのは、株式市場における「PER（株価収益率）」と同様で、倍率が高ければ、それだけそのブランドの将来性が市場で評価されていることを示す。したがって、「クライスラーの倍率が低い」ということは、多くの投資家が同部門の将来性を低く見積もっていることを示すものだが、同時に、開示される商品政策や宣伝政策、品質活動などに理解を示す投資家にとっては、将来性のある事業に割安に参入できる機会だという印象を与えることができる。

❷ディーラー再編統合の試み

日本では、およそ一五〇〇社のディーラーが年間約六〇〇万台の新車を販売しており、一社当たりの新車販売台数は約四〇〇〇台である。米国では、日本の約三倍にあたる年間一七〇〇万台の新車が販売されるが、ディーラーは約十五倍の二一六五〇社あるため、一社当たりの新車販売台数は八〇〇台弱と日本の五分の一に過ぎない。

多くが零細企業であり、事業基盤が弱いため、設備や人材、在庫や宣伝への思い切った投資ができず、結果として自動車メーカーが販売チャネルに期待する役割に応えてくれないところが多い。また、ディーラーの乱立が乱売を招き、有力なディーラーの収益性も低下する。その結果、自動車メーカー自身の収益性やブランド価値の低下も招くことになる。

したがって、事業基盤・販売能力の弱い零細ディーラーを、投資能力・営業基盤の大きいディーラーに切り替えていくことが自動車メーカーの悲願であるが、法規制がなかなかこれを認めない。自動車製造業においては、労働組合の影響力が強く競争力強化を阻んでいる。また、流通サイドでも、米国の法規制は自動車業界については社会主義的であり、メーカーが既存ディーラーの立場を不利にする形で契約の解除や変更を行ったり、別のディーラーを起用すること、自動車メーカー自身がディーラーを兼営することなどに対してきわめて厳格である。

こうした制約条件を踏まえてなおディーラーの再編統合を実現する試みはかつてもあった。一九九七年にフォードが当時のジャック・ナッサー会長のもとで推し進めた「オート・コレクション」と呼ばれるイニシアティブである。

これは、地域ごとにメーカーが新会社を設立し、そこが地場ディーラーの資本を買い集める形で地域のディーラー統合を進めるというメーカー主導の再編統合の試みである。全米五カ所で始められたが、地場ディーラーの反発とモチベーション低下を招いて、いずれも台数と収益性はかえって低下する結果となり、頓挫した。一九九九年末にはこの戦略は撤回され、二〇〇二年にソルトレイクシティの「オート・コレクション」売却により完全に幕を閉じた。

今回のクライスラー部門の試みは、自動車メーカーが買収主体もしくは経営主体とはならず、仲介役に徹する点と、経営は外に一任する点が根本的に異なる。Automotive News の記事では、クライスラー部門の取り組みは「既存ディーラーの事業売却の機会拡大につながるもの」と支持を受けており、むしろ彼らの要請により二〇〇六年十月には第二回の投資説明会が開催された。

❸メガ・ディーラーの存在感

このように米国のディーラーは、総じて日本のそれよりも圧倒的に小粒である。しかし、潮流は明らかに変化している。

一九八四年、米国の自動車ディーラーは二万四七二五社あった。これを年間販売台数ⓐ一五〇台未満、ⓑ一五〇台以上四〇〇台未満、ⓒ四〇〇台以上七五〇台未満の四つに分類すると、多いものから順に、ⓐ三五・〇%、ⓑ三四・五%、ⓒ一六・六%、ⓓ一四・〇%であった。

二〇〇四年の全ディーラー数、二万一六五〇社の内訳は、同じく多い順に、ⓓ二九・九%、ⓒ二七・七%、ⓑ二六・五%、ⓐ一六・〇%と完全に逆転している。

また、Automotive News のランキングによれば、上位二十ディーラー（トップはオートネーション、二十位がカーマックス）が全米の新車販売台数に占める割合は、二〇〇四年には九・三%に達した。全米二万一六五〇社の一〇〇〇分の一にも満たない二十社が、全米で販売される新車の十台に一台を販売しているということである。

大半はM&Aによりマルチブランド化、マルチロケーション化などで事業規模の拡大を図り、システムやバックオフィスの統合によって経営効率を高めて収益性を追求していくタイプの「コーポレート型ディーラー」である。中には株式を公開し、自社株をいわば現金の代わりにしてM&Aを加速させている会社もある。

自動車メーカーの中にはこうした「コーポレート型ディーラー」を嫌悪する声も根強い。地域に根ざした顧客満足や、メーカーとの長い人間関係に基づくブランド・ロイヤリティーよりも、短期の売却益や損切りを重視した移転や売却を頻繁に行いがちなので、自動車メーカーの価値観や戦略と相容れないという理由である。

それももっともではあるが、一方では❷のような構造的問題の解決を誰が担えるか、二十年前と比較した流通構造の変化が顧客やメーカー、既存ディーラーの意思をまったく無視した形で実現されたと言い切れるだろうか。

日本企業へのインプリケーション

冒頭で今回のクライスラー部門の試みが「ユニークなIR活動」だと述べた。

通常、IRとは自社に投資してくれる（株式を購入してくれる）投資家に対して行うものである。今回のケースでは、自社そのものではなく、自社のバリュー・チェーン（チャネル）に投資してくれる投資家に対して行うＩＲ活動だという点がユニークといえる。

本当の企業価値とは、単なる資本関係に基づく連結会計の資料から導き出すべきものではなく、サプライ・チェーンやバリュー・チェーンの強みと弱み、価値やリスクも考慮した「バリュー・チェーン会計」から導き出すべきである。

クライスラー部門が行っていることとは、まさに「バリュー・チェーン会計」に基づき、その価値を最大化してくれる投資家に呼びかけるＩＲ活動であろう。通常のＩＲ活動に呼応する投資家は単なる資金の出し手にとどまるが、この活動に呼応する投資家は資金の出し手にとどまらず、一緒に企業価値の最大化に努めてくれる戦略的投資家であり、ある意味ではこれこそが本来のＩＲ活動であるといえるかもしれない。

日本でも自動車メーカーは、原材料・素形材・設備工具・構成部品のサプライヤで構成される長いサプライ・チェーンや、ディーラー・部用品卸会社・金融会社・物流会社などで構成される長いバリュー・チェーンを構築している。

自動車メーカーに限らず、輸入車のインポーターでも少なくともディーラー・チェーンは擁している。ところが、日本のメーカー、インポーターで自社の株式への投資家以外に対してＩＲ活動を行っているケース、自社のサプライヤやディーラーを対象とした投資説明会を開いているケースはほとんどない。

資本関係のない自社のバリュー・チェーンに関してクライスラー部門と同様の課題を抱えてい

たとしても、そこに「外の血を入れて解決を図る、そのためのイニシアティブをとる」という発想はほとんどなく、身内の間で密かな解決を図るというのが通例だろう。

ディーラーのM&Aが日常茶飯事の米国と違って、日本ではM&Aをオープンに議論することは対象会社にとっても自社にとってもリスクであったり、期待したほどの効果が得られないといった問題があるかもしれない。

だが、それは技術論で解決できることも多いはずで、「バリュー・チェーンの強化を自社が主体的に取り組むべき課題と認識できるか」という経営思想や、「解決にあたって外の血を呼び込む勇気をもてるか」というリーダーシップや企業文化のほうがより本質的な問題だ。

クライスラー部門のIR活動の成果であるが、まずまずのようである。Automotive Newsは、二〇〇四年の投資説明会に出席した一六四社のメガ・ディーラーのうち、この四カ月で八社が早速同部門のディーラー買収を実行し、二十一社が商談中、四十二社が検討中だと報じている。

なお、翌年一～三月の全米新車販売台数は三八九万台で、前年同期比〇・四%の微減にとどまるが、内訳は現代（同一三・三%増）、日産（同一一・五%増）、トヨタ（同九・一%増）など総じてインポート・ブランドが台数を伸ばし、その分ドメスティック・ブランドが煽りを食らう構造である。ドメスティック・ブランドではGMもフォードも同五・二%減と落ち込む中、クライスラー部門は同五・六%増と、ひとり気を吐いている。

10 メーカー再編時代におけるディーラー経営

2007.6.19

クライスラー、ダイムラー・クライスラーから分離・再独立

ディーラーがメーカーレベルでの再編に左右されないような強い販売力をもつためには、販売力の源泉であるヒト、立地、それに一定レベル以上の資金が重要となる。このような商品以外の要素の品質を最高レベルまで高めておくことが、どのディーラーにとっても最重要課題であり、こうしたディーラーのみがメーカーの「良い商品」頼みの経営から脱却できるといえるだろう。

一九九八年に世紀の合併といわれたダイムラーとクライスラーだが、両社間で限定的なシナジーしか実現できなかった結果、クライスラー部門がサーベラスに売却されることが発表された。

投資ファンド傘下に入ったクライスラーの今後については、UAWとの年金・医療費負担問題や、モデルラインナップの中型車以上への偏重と環境関連対策に加え、そもそも長くても五～七年といった期間で結果を求める投資ファンドの資金性質と自動車メーカーの事業性質との相性といっ

た観点から、「厳しい」とする見方は妥当であろう。

しかし、Automotive News 欧州版によると、欧州にあるクライスラーのディーラーにとって今回の分離は望ましいものであり、多くのディーラーはこれからが稼ぎ時であるとコメントしている。ここでは、ダイムラー・クライスラーの再編がディーラーにどのような影響をもたらし、その際にディーラーとしてどのような対応があり得るのかについて考察してみたい。

記事概要

Automotive News 欧州版の一面に掲載された記事の要約は次のとおりである。

- 欧州ディーラーネットワークにおける変化は少ない。むしろ、現在一〇〇〇拠点存在するクライスラーディーラーを、今後二年間で一〇〇拠点追加する。
- 輸入販売会社・卸売事業者はこれまで同様の相手先となり、ディーラー契約も既存のものが継続する。
- スペインで五十六拠点のクライスラーディーラーを展開するフランシスコ・サラザー・シンプソン氏は、サーベラス傘下でのクライスラーは海外事業の成長に対する投資を加速させると見ており、今後ディーラー収益は向上する、としている。

・英ワーウィックにある、ＨＷＢインターナショナルのマネージング・パートナーは「メルセデス・ベンツと同じインポーターを利用していた時よりも、事態は改善する」とコメントしている。ただし、西欧における多くのメルセデスとクライスラーを併売するディーラーは、サーベラスによる買収が完了した後にはクライスラーの販売の打ち切りを考えるであろう、と。西欧におけるメルセデス・ベンツディーラーのうち、二〇％程度がクライスラーを併売している。

・独ヌルティンゲン応用化学大学の自動車研究機関のディレクターは、ベンツ・クライスラー併売店の一〇～一五％はクライスラー販売を停止するだろう、としている。

資本提携≠事業提携

一九九八年当初、ダイムラーとクライスラーの合併を契機に、ルノーによる日産への出資など、業界再編が騒がれたことはまだ記憶に新しいが、このとき叫ばれたのが、「四〇〇万台クラブ」といわれる規模の経済理論である。すなわち、四〇〇万台規模の生産台数をベースに、部品、プラットフォームの共通化などを推進し、コストスプレッドを追求することにより規模の経済性を享受することと、環境関係の研究開発を共通化することで、将来への投資余地を確保するというものである。

たとえば、クライスラー３００Ｃという高級車は、北米を中心に全世界でヒットしたが、メルセデス・ベンツのプラットフォームにクライスラーのＨＥＭＩエンジンを搭載したモデルであり、開発・生産面での両社間のシナジーは一部、目に見える形で実現した。

また、間接コストの削減、具体的にはクライスラー部門における財務、経理、総務、人事などのバックオフィス部門における合理化と人員削減も実施された。

しかし一部事例を除くと、理論上は必ずしも誤りではない事業面での提携に先立って資本提携を実行することの難しさが、今回の提携解消・クライスラー部門の売却につながったといってもいいだろう。

今後のクライスラーブランド

サーベラスによるクライスラー部門買収金額、五十五億ユーロのうち、ダイムラーに支払われるのは十億ユーロで、残りの四十五億ユーロはクライスラーの自動車事業や金融サービス事業に振り分けられる。さらに、ダイムラーは持分法適用会社からは外す意図があると思われるものの、引き続き新生クライスラー・ホールディングの一九・九％を維持する。

つまり、今回の発表を資金面だけで見れば、新たに四十五億ユーロがクライスラー関連事業に投下され、広義の内部留保・新規資金調達につながった。

この資金を活用して、当面クライスラー・ホールディングは体制面の強化や海外投資を活発にすることで成長を実現し、再上場ないしは第三者への売却の道を辿ることが予想される。ただし、投資ファンドというものは、投資家から一定の利回りを期待されて有限の期間で資金を預かっていることから、クライスラーは今後も業界再編の一つのかけらとなりつづけることに変わりはない。

販売面での影響予想

かつての資本統合に基づくシナジー追求が販売面で実施されたものの一つが、今回の記事で取り上げられた、欧州における「メルセデス・ベンツディーラーによるクライスラー併売」であった。記事内のスペインディーラーの趣旨は、提携解消による併売店の撤退に伴い、自社のシェア伸長の意図と、メーカー・インポーターレベルにおける経営資源のクライスラーブランドへの集中投下への期待の二つが入り混じっているものと想像される。

日本においても、あるクライスラー・ジープ・ダッジディーラーの人間に聞くと、今後はむしろ、撤退エリアの獲得や新規出店を加速するつもりでいるとのことだ。

クライスラーは、新体制における新規投資の方向性を全世界のディーラーを集めて説明する模様で、スペイン、日本ともに前向きな発言は、この結果のコメントであると思われる。

しかし、提携解消により、サーベラス傘下のクライスラー側で必要になるものは、具体的にはまずヒトである。間接コスト削減の一環で、必要人員をダイムラー側に依存する体制が一部存在したため、ここでの新規採用などは差し迫った課題であろう。

欧州の場合は既存の輸入販売会社を活用すると記事にはあるが、日本の場合、現在のダイムラーと相乗りする形からどのように変わるかはわからない。ダイムラーとクライスラーが仮に分離した場合、クライスラー側から見ればメリットとデメリットの両方が存在するだろう。

まず、資金面から見ると、ダイムラーとクライスラーの両方を扱う輸入販売会社のほうが企業規模は大きくなり、調達資金額やコストの観点からは分離もしくは単独経営は不利かもしれない。

一方、これまでベンツとクライスラーを両方扱っていた輸入販売会社の中での人材の配置やブランドの注力という面からすれば、どうしても単価が高く利幅が大きい、ベンツへの経営資源集中が発生していたと想像され、分離することでクライスラーへの資源集中へとつながる可能性が高い。

自動車ディーラーとして

ディーラーは、ブランド価値伝達行動という面ではメーカーと二人三脚で歩むことが求められるとはいえ、当然のことながら独立した事業体として採算性を追求しなければならない。その中で採算性を左右する大きな要素の一つは、台数である。

商品面から見れば、昨今の日本におけるクライスラーディーラーは悪くない。これまでのクライスラーブランド四モデル、ジープブランド四モデルに加えて、新たにダッジの四モデルが加わることで、多様な商品が供給される形となる。事実、二〇〇七年五月の販売も前年同月比でプラスに転じている。

また、既存商品ラインナップの生産計画はＰＴクルーザーなど一部モデルを除き、とりあえず二〇一三年以降まで存在することから、この供給が今すぐに止まるということも考えにくい。

さらには、仮に分離したとしても、経営資源投入という面でいえばディーラー向け支援環境が向上する可能性も高い。一部ディーラーでは、取り扱い商品をクライスラーから変更するといったこともあるかもしれない。そうすればなおのこと、エリア・店舗当たりの総需要という面から見てもディーラーにとって決してマイナスではないはずだ。

メーカーレベルでの再編に左右されないような強い小売力を構成する要素は、売る力の源泉であるヒトと立地、それに一定レベル以上の資金である。

これに良い商品が加わると経営資源がすべて揃うことになる。商品以外のすべての構成要素の品質を最高レベルまで高めておくことが、どの自動車ディーラーにとっても最重要課題である。こうしたディーラーのみが、メーカーにおいて「良い商品」が販売されたタイミングで大きな利益を獲得することができる。

あとがき

本書を執筆している住商アビーム自動車総合研究所は、住友商事株式会社とアビームコンサルティングの合弁で設立されたコンサルティング会社である。

従来、総合商社のビジネスは、事業者が必要とするヒト、モノ、カネといった経営資源を組み合わせて最適な形で提供することにより成り立っているが、もう一つの経営資源である「知恵や知識、ネットワーク」を中立的な立場で提供するコンサルティングというアプローチを通じて業界そのものの活性化につなげることができれば、結果として親会社である住友商事の利益にもつながると考えている。

住商アビームは世の中のニーズに合わせて商社が自らの姿を変革させていく一つの方向性としての試みではあるが、知識やネットワークを媒体とした顧客から求められる真のサービス提供は、従来、商社が得意としてきたものである。

住友商事では業者間取引における信用力、アライアンス構築能力、事業成長支援能力を有しており、その中の自動車事業部隊では、世界三十カ国以上に進出し、輸入車卸、小売・整備、金融、部品の製造・物流などの事業群がバリューチェーンを構成している。

これにアビームコンサルティング固有のフレームワークを用いた分析力や普遍的なベストプラクティスに関するノウハウを掛け合わせることにより、自動車業界のさらなる発展に少しでも寄与できれば望外の喜びである。

住友商事株式会社常務執行役員
自動車事業第一本部長　佐藤誠

アビームコンサルティングは「アジア発の次世代グローバルコンサルティングファーム」という目標を掲げている。これには二つの理由があり、一つはアジアが次の時代の大きな可能性を秘めた地域だからだ。そこで、アジアの国や地域、文化などに精通したコンサルティング会社を目指している。もう一つはグローバルな活動には欠かせない多様性を重視したいからだ。アジアには、米国などに比べて多様性を尊重するカルチャーが根ざしている。

また、アビームコンサルティングは顧客企業の戦略立案からビジネス展開、ＩＴ化、アウトソーシング投資などすべての領域をカバーして初めて問題解決ができると考えている。つまり、単にアイデアを提供するだけではなく、実現するまで責任を持って任務を全うすることを目指している。

住商アビーム自動車総合研究所は、アビームコンサルティングが持つ多様性の一つの形であり、現場の知識、ネットワークを持つ総合商社の住友商事と組むことで、自動車業界向けにより実効性、実現性を重視したコンサルティングサービスを提供している。

自動車業界はまさに日本を牽引する産業でもあり、住商アビーム自動車総合研究所という新たな取り組みを通じて自動車業界、さらには日本、アジアの活性化に貢献していきたいと考えている。

アビームコンサルティング株式会社
代表取締役社長　西岡一正

【執筆者紹介】

長谷川博史　代表取締役社長 CEO

住友商事自動車事業本部にて、海外子会社の投資管理、経営支援、新規事業等担当や、複数のベンチャー企業立ち上げに携わり、その後住商アビーム自動車総合研究所立ち上げに参画、現在に至る。筑波大学国際関係学類卒。米国公認会計士（CPA）。

秋山喬　取締役副社長 COO

アビームコンサルティングにて、自動車メーカー向け経理業務改革プロジェクト、M&A プロジェクト、海外進出プロジェクト等に従事したのち、住商アビーム自動車総合研究所立ち上げに参画、現在に至る。早稲田大学政治経済学部卒。

寺澤寧史　チーフストラテジスト

矢野経済研究所にて自動車リース、中古車、オークション、中古部品など主に自動車のアフターマーケット分野の調査活動に従事したのち、住友商事に入社。住商アビーム自動車総合研究所立ち上げに参画、現在に至る。関西学院大学社会学部卒。

大谷信貴　ストラテジスト

住友商事繊維本部にてアパレル・小売事業者に対するブランド開発、事業再生等に従事したのち、住友商事自動車事業本部へ異動。住商アビーム自動車総合研究所に参画。中央大学商学部卒。

本條聡　ストラテジスト

住友商事自動車事業本部にて、自動車部品メーカーの海外進出支援、自動車関連ベンチャー・中小企業のインキュベーション等に従事したのち、住商アビーム自動車総合研究所立ち上げに参画、現在に至る。東京大学工学部卒。

宝来（加藤）啓　ストラテジスト

アビームコンサルティングにて自動車メーカー向け長期戦略策定プロジェクト等に従事したのち、住商アビーム自動車総合研究所へ参画。東京理科大学工学部卒。

尾関麦彦　アソシエイト

住友商事に入社したのち、住商アビーム自動車総合研究所に参画。自動車部品メーカーの新製品開発支援プロジェクト、自動車メーカー向けの国内事業再編プロジェクト等に従事。慶應義塾大学理工学部卒、同大学院工学修士。

佐藤彩子　アソシエイト

住友商事建設機械本部、三菱商事機械グループを経て、住友商事に再入社、住商アビーム自動車総合研究所に参画。アソシエイト兼社長秘書として活動中。共立女子短期大学文科第一部英語専攻卒。

加藤真一　顧問

住友商事自動車事業本部にて、国内、海外子会社の投資管理、経営支援、新規事業等に従事したのち、住商アビーム自動車総合研究所立ち上げに参画。住友商事グループ内の異動に伴い、住友商事に帰任。東京大学法学部卒。

【著者紹介】

住商アビーム自動車総合研究所

住友商事とアビームコンサルティングの合弁で設立された自動車業界専門の戦略コンサルティング会社。「自動車業界唯一の相談窓口」として、日本を牽引する自動車業界各社の問題解決をサポートするとともに、革新的な技術、資金を持つ異業種企業との触媒となって自動車産業にブレークスルーをもたらすこと、「自動車業界から始める日本のイノベーション」を使命としている。

自動車立国の挑戦　トップランナーのジレンマ

発行日　2008年6月28日　第1版　第1刷

著　者　住商アビーム自動車総合研究所
発行人　原田英治
発　行　英治出版株式会社
〒150-0022　東京都渋谷区恵比寿南1-9-12 ピトレスクビル4F
電話 03-5773-0193　FAX 03-5773-0194
http://www.eijipress.co.jp/
出版プロデューサー　鬼頭穣
スタッフ　原田涼子、秋元麻希、高野達成、大西美穂、岩田大志
藤竹賢一郎、松本裕平、浅木寛子、佐藤大地、坐間昇
装　幀　大森裕二
校　正　藤木由起
印刷・製本　株式会社シナノ

［検印廃止］ISBN978-4-86276-034-0　C0034